VOLKSWAGEN
TRADITION MIT ZUKUNFT

Joachim Kuch
mit Beiträgen von Eberhard Kittler

Motor
buch
Verlag

Einbandgestaltung: Luis dos Santos
unter Verwendung von Abbildungen der Volkswagen AG

Bildnachweis: Volkswagen AG, Stiftung AutoMuseum Wolfsburg, Volkswagen Classic, Volkswagen of America, Volkswagen do Brasil, Volkswagen China Group. Bei Fotos, die nicht diesen Quellen entstammen, ist die Bildquelle jeweils vermerkt.

ISBN: 978-3-613- 04381-7

1. Auflage 2021

Sie finden uns im Internet unter WWW.MOTORBUCH-VERLAG.DE

Lektorat: Martin Gollnick, Eberhard Kittler
Innengestaltung: Sven Rauert
Druck und Bindung: Graspo CZ, 76302 Zlin
Printed in Czech Republic

072
WOB GS 73H
074
WOB OS 15H

Viele Aspekte müssen in diesem Buch unberücksichtigt bleiben. Doch geht es um die Produkte des Hauses, und dazu gehören auch die Currywürste aus der eigenen Metzgerei: Millionenfach verkauft und saulecker. Mit eigener Teile-Nummer und von VW-angestellten Metzgern bereitet.
(Foto: © Monstourz/wikimedia.org)

Eine Art Vorwort

Dies ist eine unvollständige Liebeserklärung an eine Marke. Unvollständig, weil es schlechterdings unmöglich ist, alle Facetten, alle Aspekte dessen, was »Volkswagen« ausmacht, zwischen zwei Buchdeckel zu pressen. Wir mussten uns auf das beschränken, was Volkswagen ja schon kraft seines Namens seit Jahrzehnten in In- und Ausland macht: Autos für das — mehr oder minder begüterte – Volk zu bauen. Strategische Überlegungen, umfangreiche Technikkapitel, Hintergründe und Analysen mussten weitgehend unter den Tisch fallen und kommen allenfalls nur am Rande vor, etwa der immer wieder zitierte MQB, der »Modulare Querbaukasten«, der einen Durchbruch in der sogenannten Plattformstrategie darstellte und die Modellexplosion der vergangenen 15 Jahre erst ermöglicht hat. Doch um diese, wie auch andere technische Highlights angemessen darzustellen, fehlte der Platz, was das Thema nicht minder interessant macht. Denn die Beschäftigung mit der Materie blieb, in meinem Fall zumindest, nicht ohne Folgen, womit wir beim zweiten Aspekt der eingangs erwähnten Liebeserklärung angekommen wären: Ich fahre seit jüngster Zeit ein Cabriolet des Hauses.

Um der Wahrheit die Ehre zu geben: Ich war nie ein Golfsburger. Meine Brüder – ja, GTI, Bus, Käfer, die ganze Palette. Bei mir? Man konnte mich jagen. Bei der Bundeswehr musste ich mitunter Lamettaträger im Mexiko-Käfer durch die Gegend chauffieren, und weil die Werkstatt die Kupplung nicht in den Griff bekam (oder ich nicht, man weiß es nicht so genau), kam es mitunter beim Einkuppeln zu unschönen Episoden, wenn der Kaffee die Ausgehuniform färbte. Ich hasste die Karre und fuhr weiterhin Motorrad.
Gut, unser Hochzeitsauto war ein 1303-Cabriolet, aber das gehörte meinem Bruder. Nur der Vollständigkeit halber sei erwähnt, dass wir noch zusammen sind, meine Frau und ich einerseits, mein Bruder und sein Käfer anderseits. Und ich muss gestehen: Der 1303 hat die Zeitläufe wesentlich faltenfreier überstanden, und wo er auch hinkommt, sind ihm die Sympathien der Umstehenden gewiss. Bei mir bin ich da nicht immer so sicher.
Im Laufe der Zeit hat auch Volkswagen als Marke so manches Einstecken müssen, man könnte sogar sagen: Es hat fast schon Tradition, Volkswagen zu schmähen. Die unrühmliche Diesel-Affäre ist nur das letzte Beispiel einer lange Kette an Patzern, die dem Konzern mit schöner Regelmäßigkeit negative Schlagzeilen bescheren. Schon Mitte der 1950er, als sich die Rufe nach einem Käfer-Nachfolger erhoben, wurde dem Autobauer Einfallslosigkeit, Schlafmützigkeit und Kunden-Abzocke vorgeworfen. »Muss der VW so sein?«, fragte das größte deutsche Technikmagazin in den Fünfzigern, »VW hat geschlafen«, verkündete die Bild-Zeitung in den Sechzigern, und in den frühen Siebzigern schien das Unternehmen kurz vor dem Zusammenbruch zu stehen. Doch spätestens seit damals, als die radikale Kehrtwende vom Käfer zum Golf gemeistert wurde, ist klar: Volkswagen ist nie besser, stärker und kreativer als in Situationen, in denen es so richtig unter Druck steht, und man darf gewiss sein, dass dies auch so bleiben wird: Die gerade in die Wege geleitete Transformation hin zum Elektroauto-Hersteller ist ein schöner Beleg dafür.

Kein Buch entsteht im luftleeren Raum und erfordert die Mitwirkung vieler Helfer. In diesem speziellen Fall müssen drei Menschen genannt werden. An erster Stelle: Eberhard Kittler, der langjährige Stiftungsvorstand des Automuseums Wolfsburg. Seiner Expertise und seinem Engagement hat dieses Buch so viel mehr zu verdanken als dass es eine Erwähnung in Titelei und Vorwort wettmachen könnte. Samstag, Sonntag, spät am Abend oder früh am Morgen: Er war stets erreichbar und hat geholfen. Nicht minder wichtig: Sven Rauert, der dem Buch das grafische Gesicht gab und Martin Gollnick, der das Lektorat verantwortet und ganze Passagen beigesteuert hat. An ihnen kann es also nicht liegen, wenn Ihnen das Buch nicht gefällt.
Das muss ich auf meine Kappe nehmen.

LUFTGEKÜHLTE VOLKSWAGEN

Die Idee eines Volkswagens lag nahe und war keineswegs neu, spätestens in den zwanziger Jahren des vergangenen Jahrhunderts war dieser Gedanke bei nahezu jedem Automobilhersteller präsent. An Versuchen, ein solches Auto für das Volk zu bauen, fehlte es nicht, doch es war Ferdinand Porsche, der sich ganz dieser Sache verschrieb. Nach verschiedenen Stationen in der Automobilindustrie – wo er mit meist genialen, aber oft reichlich unwirtschaftlichen Konstruktionen auf sich aufmerksam gemacht hatte – eröffnete er ein Konstruktionsbüro in Stuttgart und entwickelte zuerst für Motorradfirmen Auto-Prototypen im angedeuteten Stromlinien-Design. Auf Drängen eines Hitler-Duzfreundes präzisierte Porsche dann im Januar 1934 seine Gedanken zu einem Auto für die breite Masse, und keine zehn Tage später fand er sich im Hotel Kaiserhof in Berlin dem Reichskanzler gegenüber. Mit dem Auftrag, einen solchen Volkswagen zu entwickeln, reiste er zurück nach Stuttgart, um anschließend ein Exposé vorzulegen. Außerdem erklärte sich Porsche auch bereit, einen solchen Wagen zu konstruieren. Die etablierte Automobilindustrie war wenig begeistert. Soweit es sie betraf, gab es einen solchen Volkswagen bereits in ihren Programmen, etwa den Opel 1,2 Liter, oder den DKW Reichsklasse. Über allem aber schwebte dann noch Hitlers Preisdiktat von 1000 Reichsmark, von dem jeder wusste, dass diese Vorgabe unmöglich zu erfüllen war. In der zweiten Hälfte der Dreißiger bestimmten die Arbeiten am Volkswagen den Takt in Porsches Konstruktionsbüro, auch der gigantische Fabrikkomplex im niedersächsischen Nirgendwo musste geplant werden. Als alles stand, herrschte Krieg und der Volkswagen wurde zum Militärgerät.

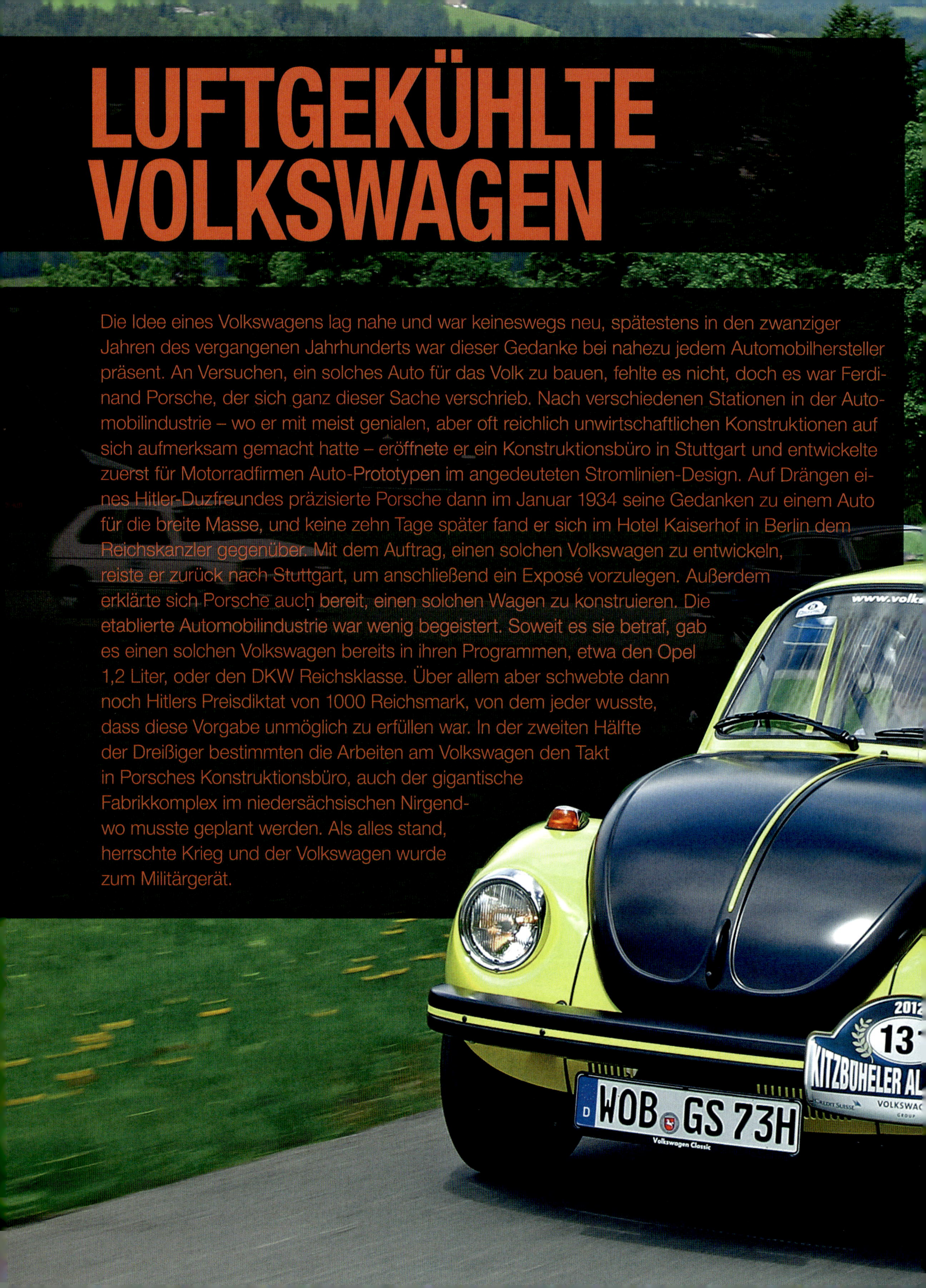

-classic.com
131
2012
129
ALPENRALLYE
WOB OS 28H

VORLÄUFER

Porsche Typ 12 / Zündapp

Ferdinand Porsche hatte sich Alter von 55 Jahren am 31. Januar 1931 mit einem Konstruktionsbüro selbständig gemacht. Eines seiner ersten Projekte – der Vertrag kam Ende September zustande – war ein rundbuckeliger Entwurf für Zündapp, die einen zweitürigen Viersitzer mit einer Dauergeschwindigkeit von 60 km/h und einem Verbrauch von nicht mehr als acht Litern auf 100 km gefordert hatten. Vorne kam eine Schwingachse mit Querblattfederung zum Einsatz, hinten eine mit viertelelliptischen Querblattfedern. Das Getriebe saß vor der Achse, die Karosserielinie folgte dem nie in Serie gebauten großen Wanderer-Prototyp W 11. Drei Prototypen wurden gebaut.
Porsche plädierte für den Einsatz eines gebläsegekühlten Vierzylinder-Boxermotors, Zündapp mochte aber vom wassergekühlten Fünfzylinder-Sternmotor mit 1,2 Litern Hubraum nicht abrücken. 1932 legte Zündapp das Projekt zu den Akten. Bereits dieser Heckmotor-Typ ließ die Grundzüge des späteren Volkswagens erahnen.

Die Idee eines Fahrzeugs mit Heckmotor bewegte Porsche (und andere Konstrukteure auch) schon viele Jahre, bevor der Käfer seine Form gefunden hatte. Im Zündapp-Auftrag entstand bei Reutter 1932 ein erster Prototyp.

Porsche Typ 32 / NSU

Nachdem Zündapp ausgestiegen war, begann Porsche 1933 mit der Entwicklung eines ähnlich konzipierten Prototyps für NSU. Der Zentralrohr-Plattformrahmen war eine Neuentwicklung, im Heck saß ein luftgekühlter Vierzylinder-Boxermotor mit hängenden Ventilen und 1,45 Litern Hubraum. Nachgerade revolutionär war die Drehstabfederung vorn: Diese sogenannte Kurbelachse fand sich dann später auch beim Volkswagen, hinten handelte es sich um eine Pendelachse, ebenfalls mit Querstabfederung. Der Radstand betrug 2,6 m, 2,5 m waren es beim Zündapp gewesen. Drei Prototypen entstanden bis Juli 1934, zwei in konventioneller Bauart mit Holzgerüst und Blechbeplankung, ein dritter in Ganzstahl-Bauweise. Aus Kostengründen zog sich NSU von diesem Projekt zurück, einen Prototyp erwarb NSU-Meister Karl Schröder, der den Wagen über die Kriegsjahre rettete und in der Nachkriegszeit im Alltagsverkehr nutzte. 1953 tauschte Schröder ihn beim Volkswagen-Werk gegen einen neuen Käfer ein. Den NSU gibt es heute noch, den VW wohl nicht.

Porsche Typ 60 / V-Serie

Die Motorisierung war eines von Hitlers Lieblingsthemen, und noch bevor er 1934 bei Eröffnung der Internationalen Auto- und Motorradmesse in Berlin den Bau eines Volkswagens forderte, hatte er die Weichen gestellt: Porsche hatte im Januar 1934 seine Idee eines Volkswagens vorgestellt, und Hitler erteilte ihm den Auftrag, diesen trotz des völlig unrealistischen Endpreises von 1000 Reichsmark umzusetzen.
Porsche willigte ein und plante, bis Mitte 1935 die Arbeiten zu beenden, doch erst im Februar 1936 rollten drei Prototypen (V1–V3) mit Kurbellenkerachse vorn (zwei übereinander liegende Drehfederstäbe) und Pendelachse hinten. Die Basis bildete ein Plattformrahmen samt Zentralrohr im NSU-Stil, im Heck saß letztlich ein Einliter-Vierzylinder-Boxermotor mit 22 PS. Der V3 mit Ganzstahl-Karosserie wurde von Daimler-Benz gebaut, der V2 war ein Cabriolet. Die Wagen unterschieden sich vor allem in der Heckgestaltung. Im Oktober 1936 begann ein Dauertestlauf, der im Dezember nach 150.000 Kilometern endete. Zu dem Zeitpunkt liefen bereits die ersten Exemplare der nächsten Evolutionsstufe W30.

Porsche Typ 60 / VW 30

Ausgangspunkt der W30-Serie bildete der modifizierte V3-Prototyp mit Ganzstahl-Karosserie, die ersten beiden Fahrzeuge – eine Limousine, ein Cabriolet – entstanden bereits im Juni 1936. Die komplette Serie wurde dann bis Frühjahr 1937 bei Daimler-Benz gebaut, das VW-Werk gab es ja noch nicht. Wesentliche Änderungen gegenüber der V-Serie betrafen neben der Karosserie die Anordnung des Tanks oberhalb des Motors. Ende 1937 – Porsche hatte im Juni ein zweites Mal amerikanische Automobilwerke besucht – kam es zu weiteren Modifikationen. Innerhalb dieser Serie entstand lediglich ein Cabriolet. Die Bezeichnung Porsche »Typ 60« wurde bereits seit der V-Serie 1935/36 verwendet.

Das ist der Reutter-Prototyp, der im NSU-Auftrag entstand. Die Aufnahme entstand 1933/34 vor dem Porsche Konstruktionsbüro in der Stuttgarter Kronenstraße.

Für NSU entstanden bei den Karosseriefirmen Drauz, Weinsberg und Reutter drei weitere Prototypen. Überlebt hat der Wagen mit Drauz-Aufbau, den ein NSU-Mitarbeiter übernommen hatte und diesen 1956 bei Volkswagen gegen einen fabrikneuen Käfer eintauschte.

Im Juli 1935 ging der erste Prototyp V1 (Bild) in die Erprobung, beim zweiten Prototyp handelte es sich um ein Cabrio. Die Serie V3, bestehend aus drei Fahrzeugen, wurde ab 1936 getestet, sah wesentlich Käfer-ähnlicher aus und führte zur VW30-Serie.

Ein Wagen für das Volk war gefordert, und weil die Volksmotorisierung zum Aushängeschild des NS-Staates gehörte, setzte das Regime alle Hebel in Bewegung, um den vollmundigen Propaganda-Ankündigungen zu entsprechen. Bei der Grundsteinlegung für das neue Autowerk am 26. Mai 1938 wurden drei KdF-Wagen gezeigt: Die Limousine, das Cabriolet sowie eine Cabrio-Limousine. Verkauf und Service sollten über die NS-Organisation »Kraft durch Freude« erfolgen.

Zwischen Ende 1936 und Mai 1937 wurden bei Daimler-Benz insgesamt 30 Fahrzeuge des weiterentwickelten V3 gebaut. Die VW30 bildete die vierte Generation von VW-Prototypen.

Die fünfte Prototypen-Serie V 303 (hier ein Holzmodell) umfasste wiederum drei Fahrzeuge und wurde im Mai 1938 fertig. Die direkt im Anschluss gebaute sechste Serie, 44 Fahrzeuge, erhielt die Bezeichnung VW38.

Das Werk in Fallersleben produzierte am 15. August 1940 den ersten Wagen, die Serienfertigung begann am 11. Juli 1941. Doch angesichts der Kriegslage konnte ihn eigentlich keiner kaufen, die Volkswagen wurden an Uniformträger und Nazi-Größen abgegeben. Nach dem 17. August 1944 erhielten nicht einmal mehr die einen Volkswagen. Insgesamt waren 630 Limousinen und 13 Cabrios entstanden – die sogenannte Z-Serie.

Der VW38 entsprach technisch wie optisch dem späteren Nachkriegstyp; allerdings hatte der Boxer-Motor hier noch einen Hubraum von 985 cm³, der Volkswagen dann 1131 cm³.

Von Anfang an war klar, dass es den KDF-Wagen auch als Cabriolet geben sollte. Hier ein V 303, der bereits weitgehend dem VW38 entspricht. (Foto: © Dr. Ing. h.c. F. Porsche AG)

Porsche Typ 60 / VW 303

Einen weiteren Zwischenschritt zum Volkswagen bildete der Typ 303, von dem drei Prototypen gebaut wurden. Dieser war eine Weiterentwicklung des VW 30 und erschien im Frühjahr 1938. Wichtigste Änderung waren die neuen Türen – statt der nach vorne öffnenden Selbstmördertüren gab es vorn angeschlagene – und ein Rückfenster, wenn auch mit Mittelsteg. Weitere Änderungen, etwa an der halb zu öffnenden Fronthaube, führten letztlich zum VW 38. Im Laufe ihrer Entwicklung hatten die Porsche-Volkswagen bereits über zwei Millionen Testkilometer zurückgelegt, kein anderes Auto weltweit war bislang so intensiv getestet worden. Zu diesem Zeitpunkt hatte VW-Chefkonstrukteur Karl Rabe bereits ein Patent angemeldet für ein »Fahrgestell für Kfz mit Längsmittelträger aus 2 rinnenförmigen Pressteilen« – der Plattformrahmen des Käfers war somit auch rechtlich geschützt.

Porsche Typ 60 / VW 38 (39)

Mitte/Ende 1938 hatte der Volkswagen schließlich seine Form gefunden, auch die Technik entsprach weitgehend dem, was nach dem Krieg millionenfach vom Band rollen sollte. Was noch fehlte, war die gigantische Fabrik, die tatsächlich bis zu 300.000 Volkswagen jährlich auch produzieren konnte. Hitlers Macht ebnete auch hier den Weg, am 26. Mai 1938 erfolgte die Grundsteinlegung durch den Führer. Dabei wurden drei Fahrzeuge gezeigt, eine geschlossene Limousine, eine mit Rolldach und ein irgendwann geplantes Cabriolet. Der Basispreis sollte bei 990 Mark liegen, anzusparen über Wertmarken. Eine volle Karte verhalf zum Anspruch auf den KdF-Wagen. Vom VW 38 baute das Karosseriewerk Reutter 50 Vorführwagen, weitere 41 entstanden im Volkswagenwerk. Die Versuchsserie VW 39 unterschied sich nur in Details von den Vorjahrestypen. So hatten die Typen, die vor Kriegsausbruch gebaut wurden, anders als die danach, noch Chromzierteile. Auffällig waren auch die Stoßstangenhörner, die bei den Kriegstypen aus Federstahl bestanden. Der KdF-Wagen Typ 60 avancierte nach 1945 zum VW Typ 1, zum Volkswagen.

Im Frühjahr entstanden bei Reutter weitere 50 Fahrzeuge des Typ VW38, die dann aber, nach dem Baujahr, VW39 hießen. Technisch und optisch entsprachen sie dem Käfer. Dieses Bild zeigt einen jener zivilen KdF-Wagen von 1941. (Foto: © Daimler AG)

Porsche Typ 64 Berlin–Rom-Wagen

Der Typ 64 als Sportvariante des Volkswagens entstand 1939 für das Langstreckenrennen von Berlin nach Rom und zurück. Das 1500-Kilometer-Rennen sollte im September 1939 stattfinden, doch der Kriegsausbruch vereitelte die Durchführung. Die Technik basierte auf dem Volkswagen (daher gehört der Wagen als Volkswagen-Derivat zur Typ-60-Familie), außergewöhnlich war die windschlüpfrige Aluminium-Karosserie (»K10« in der Nomenklatur) mit verkleideten Radkästen. Die Motorleistung des Boxertriebwerks war auf 32 PS angehoben worden (»Sport-Motor VW 3841«), man hatte mit verschiedenen Vergaser-Bestückungen experimentiert. Die ausgeklügelte Aerodynamik erlaubte eine Spitzengeschwindigkeit von bis zu 145 km/h, Dauergeschwindigkeiten jenseits der 130 km/h waren auch kein Problem. Drei Stromlinienencoupés wurden gebaut, sie unterschieden sich in Details, etwa in den Heckleuchten. Der erste Wagen vom September 1939 war silbern lackiert, der zweite, von Porsche als Kurierwagen benutzte dunkle, folgte im Dezember und ein weiterer silberner wurde im Juni 1940 fertig. Einer überlebte und wurde von Ferry Porsche Anfang 1949 an den Innsbrucker Rennfahrer Otto Mathé verkauft, der ihn 1950 bei diversen Rennen an den Start brachte. Später war er (und ist noch heute) verschiedentlich bei Oldtimer-Veranstaltungen zu sehen.

Die Karosserie aus Leichtmetall, entworfen nach den neuesten Erkenntnissen der Aerodynamik, wurde bei der Karosseriefabrik Reutter in Stuttgart gebaut.
Der erste Renn-Käfer – oder: der erste echte Porsche – wurde im August 1939 fertig, zwei Wochen vor dem Start des geplanten Rennens, das dann natürlich wegen des Kriegsbeginn am 1. September ausfiel. Zwei Typ 64 folgten Ende 1939 und im Sommer 1940.

Bei dem für den September 1939 geplanten, 1500 Kilometer langen Straßenrennen von Berlin nach Rom sollten auch KdF-Wagen starten. Diese Porsche-Konstruktion Typ 64 basierte auf dem verlängerten Plattform-Rahmen des Käfers, der Boxer-Motor war getunt worden und leistete statt der üblichen 24,5 PS nun deren 32.

Ein Wagen verunglückte und wurde verschrottet, der zweite Wagen wurde von den Amerikanern beschlagnahmt und ebenfalls zu Schrott gefahren. Den letzten behielt Ferry Porsche, der ihn 1949 an den Innsbrucker Otto Mathé verkaufte. Dieser nahm damit an diversen Rennen teil und behielt ihn bis zu seinem Tod 1996. Danach wurde der Wagen versteigert, der letzte Versuch des Auktionshauses Sotheby's im August 2019, für diesen Wagen 20 Millionen Dollar zu erzielen, endete im Desaster. (Foto: © Auto-Medienportal.net/RM Sotheby's)

KÜBELWAGEN

Porsche Typ 128

Der Allradantrieb war in erster Linie für den Schwimmwagen entwickelt worden, den Auftrag, den Typ 82 zu Wasser zu lassen, erhielt Porsche bereits im Juni 1940. Den Umbau auf Allradantrieb erleichterte die Tatsache, dass das Getriebe sowieso bereits vor der Hinterachse lag. Die meisten technischen Komponenten wurden ebenfalls vom VW übernommen, so auch der lange Radstand von 2400 mm. Die Stahlblechwanne für den Aufbau lieferte Ambi-Budd aus Berlin an. Im Wasser pflügte der schwimmfähige Geländewagen für Pioniereinheiten mithilfe der dreiblättrigen Schiffsschraube im Heck voran, die über ein Zwischengetriebe und Zwischenwelle von der Kurbelwelle aus angetrieben wurde. Bei Straßenfahrt wurde die Schraube hochgeklappt und die Zapfwelle vom Motor getrennt. Gelenkt wurde über die Vorderräder, die Geschwindigkeit auf dem Wasser lag bei 10 km/h. Im Truppenversuch bewährten sich diese Schwimmwagen (»le. Pkw Typ K2 [4x4] Volkswagen Typ 128«) so gut, dass praktisch mit dem Serienanlauf im April 1941 beschlossen wurde, auf Basis dieses 130 Mal gebauten Fahrzeugs ein noch geeigneteres Amphibienfahrzeug zu entwickeln.

Porsche Typ 166

Dieser Typ 166 (»K2s«) unterschied sich vor allem durch den kürzen Radstand, den wesentlich geringeren Tiefgang, die geringere Spurbreite und den fehlenden Mitteltunnel vom Vorgänger. Er war in erster Linie für die Kradschützenbataillone gedacht, deren schwere Seitenwagen-Gespanne von BMW und Zündapp in den sumpfigen Weiten Russlands oftmals liegenblieben. Der Schwimmwagen aber wühlte sich durch, im schönsten Militärdeutsch jener Jahre heißt es: »Der Kradschützenwagen ist dem Krad in technischer und taktischer Hinsicht erheblich überlegen und infolge der weitaus besseren Kampfbedingungen für die Besatzung dem Krad vorzuziehen.« Die ersten Fahrzeuge wurden im Laufe des Jahres 1942 der Truppe zugeteilt, bis zur Produktionseinstellung Ende 1944 waren 14.263 Exemplare gebaut worden. Motorisiert waren sie stets mit dem 1,1-Liter-Motor. Bis Kriegsende waren in der »Stadt des KdF-Wagens« 66.285 Fahrzeuge aller Typen gebaut worden.

Das Militär forderte eine Höchstgeschwindigkeit von 10 km/h im Wasser. Gelenkt werden sollte, wie bei einem normalen Auto, über die Vorderräder. Die Bodenfreiheit lag bei 250 mm, die Steigfähigkeit bei 65 Prozent.

Auf Nachfrage des Heeres ließ Porsche den Kübelwagen zu Wasser: Das war am 7. November 1940, Porsche hatte bei Drauz drei Prototypen aufbauen lassen. Der Allrad-Entwurf – Typ 128 – wies eine überragende Geländetauglichkeit auf, war allerdings mit 2400 mm Radstand zu lang. (Foto: Kittler)

Bei diesem Fahrzeug handelt es sich um den ersten von nur vier gebauten Sondertyp 129, entstanden auf 128-Basis: Ein ferngelenkter Schwimmwagen mit Raketenbewaffnung, um Kriegsschiffe angreifen zu können.

Um die Torsionssteifigkeit zu erhöhen, wurde die Wanne gekürzt und der Radstand um 400 mm gekappt. Der neue Schwimmwagen erhielt die Typnummer 166. Er wurde ab Februar 1942 gebaut.

Schwimmwagen entstanden in Fallersleben und auch bei Porsche in Stuttgart, wobei die Wannen von Ambi Budd aus Berlin zugeliefert wurden. Von 1941 bis 1944 wurden 15.584 Schwimmwagen des Typs 166 produziert, davon 1308 bei Porsche. 163 solle es noch heute geben, davon 13 noch im Originalzustand. (Foto: © Auto-Medienportal.net/Av)

TYP 11

Der in den Dreißigern von Ferry Porsche vorgedachte und unter den Händen von Chefingenieur Karl Raabe schließlich zur Realität gereifte Volkswagen ging erst nach dem Krieg in Serie. Die ersten Exemplare nutzten die Technik des Wehrmachts-Kübelwagens und hatten daher eine Vorrichtung zum Anwerfen des luftgekühlten Flachmotors (»Boxer«) im Heck; außerdem verfügten sie wegen der hinteren Portalachse über eine höhere Bodenfreiheit, was angesichts der Straßenverhältnisse vielleicht gar nicht so schlecht war. Das Werk selbst war zwar weitgehend zerstört, die meisten Maschinen aber hatten, weil ausgelagert, überlebt, sodass schon 1945/46 so etwas wie eine Serienfertigung eingerichtet werden konnte. Diese Limousinen wurden aber ausschließlich an Behörden geliefert, vorzugsweise an die britische Militärverwaltung. Der Erwerb für Privatpersonen war nur auf Bezugsschein möglich. Am 14. Oktober 1946 lief der 10.000 Volkswagen vom Band, angeblich war es exakt jener Wagen, der dann Karmann überlassen wurde, um den Cabrio-Prototypen zu bauen.
Der erste im freien Handel angebotene VW, die Standard-Limousine, hatte keine Zierteile und ein schwarzes Dreispeichen-Lenkrad. Die Sitzverstellung vermittels Flügelmuttern war primitiv, das Vierganggetriebe unsynchronisiert, und verzögert wurde über Seilzugbremsen. Wer abbiegen wollte, betätigte die in der B-Säule eingelassenen »Winker«, und der Blick nach hinten fiel durch ein per Mittelholm geteiltes Fenster – was diesen frühen Modellen später zum Spitznamen »Brezelkäfer« verhalf. Die Beifahrertür war übrigens – da kein Schloss außen am Türgriff – nicht abschließbar, für Vortrieb sorgte der 1,1-Liter-Motor. Der Preis für den Standard-VW lag nach der Währungsreform 1948 bei DM 5300,–. Mit der steigenden Nachfrage – am 13. Mai 1949 verließ der 50.000. Käfer das Werk – fiel der Preis: Anfang 1953 kostete ein Brezel-Käfer nur noch 4150 Mark.
Von Anfang an war klar, dass der Volkswagen auch in den Export gehen musste, das schon allein, um die für die Bundesrepublik so notwendigen Devisen zu erwirtschaften. Daher war es keine Überraschung, dass im Mai 1949 das feiner ausstaffierte Export-Modell in Serie ging. Äußere Kennzeichen waren verchromte Radzierblenden, Scheinwerferringe, Türgriffe und Stoßstangen. Die Vordersitze ließen sich in Gleitschienen verstellen, auch waren Sitze und Rückenlehnen üppiger gepolstert. Zudem wich im ersten Jahr das triste schwarze Lenkrad einem hellen Zweispeichenlenkrad. Im Mai 1950 führte man einen Kühlluftthermostat ein; auch erhielt man jetzt gegen 250 Mark Aufpreis ein Golde-Stoffschiebedach. Weitere Verfeinerungen wie ein Windschutzscheiben-Zierrahmen folgten, außerdem verbesserten sich dank der Dreiecksfenster in den Türen die Belüftungsverhältnisse. Die oberen drei Gänge waren nun synchronisiert. Den »Export« gab es auch für Käufer im Inland, sofern diese gewillt waren, für das Mehr an Luxus DM 5450,– hinzulegen. Und das wurden immer mehr, der Anteil der »Standard«-Verkäufe sank bis zum Ende des Jahrzehnts auf deutlich unter 20 %.

Unter britischer Leitung mussten 20.000 Volkswagen für die Alliierten entstehen. 1948 kamen auch noch Dächer und Fahrerhauskabinen für Ford hinzu.

Die Exportgeschichte begann am 8. August 1947, als die holländischen Gebrüder Pon die ersten Generalimporteure wurden. Am 16. Oktober nahmen Pon und seine Brüder die ersten sechs Volkswagen in Empfang; sie zeigten sie auf der Automobilmesse RAI. (Foto: © Anefo)

Die erste internationale Automobilmesse der Nachkriegszeit war die Industriemesse in Hannover 1947, quasi ein Heimspiel für Volkswagen.

Am 1. Juli 1949 wurde das Exportmodell vorgestellt. Es kostete 5450 Mark und war am Chromschmuck erkenntlich. Innen unterschied es sich durch das andere Armaturenbrett vom Standard-Käfer.

VW 1200

VW 1200

Die geteilte Rückscheibe war ab März 1953 Geschichte, nicht aber – zumindest beim Standard-Modell – die Seilzugbremsen; hydraulisch verzögerte nur das Exportmodell. Den in Hubraum – 1192 cm³ – und Leistung (von 25 auf 30 PS) angehobenen Boxer-Motor (ab Januar 1954) hatten sie beide, immerhin führte das zu einem milden Anstieg der Höchstgeschwindigkeit von 105 auf 110 km/h. Zahlreiche kleine und große Änderungen kamen dazu, neu waren beim »Ovali« u. a. die mit den Rücklichtern kombinierten zwei Bremsleuchten statt eines mittleren Stopplichts, beim Herunterschalten in den Ersten aber musste man noch immer mit Zwischengas arbeiten. Dafür aber durfte sich das Export-Modell des Jahres 1956 mit zwei verchromten Auspuffrohren sehen lassen.

Die nächste große Zäsur in der Modellgeschichte folgte 1957 für das Modelljahr 1958, als das ovale Heckfenster ausrangiert und durch eine deutlich größere Rückscheibe ersetzt wurde. Ab August 1959 kamen Verbesserungen am Fahrwerk hinzu und eine stärkere Lichtmaschine. Zum besten Verkaufsargument avancierte aber die Leistungsspritze, die ihm für das Modelljahr 1961 verpasst wurde: Die Motorleistung stieg auf 34 PS. Außerdem waren jetzt endlich alle Gänge synchronisiert. In beiden Ausstattungen wurden die Winker als Richtungsanzeiger durch Blinker auf den Kotflügeln ersetzt, und ab 1962 verzögerte auch der Einfach-Käfer hydraulisch.

Wiederum von außen sichtbare Änderungen waren die für das Modelljahr 1965 deutlich vergrößerten Fensterflächen und die sanft gewölbte Windschutzscheibe. Außerdem wurde versucht, die stets kritisierte Heizungsanlage bedienungsfreundlicher (und wirksamer) zu gestalten, beides mit mäßigem Erfolg. Den bisherigen Standard-Käfer gab es übrigens seit November 1964 nicht mehr, er hieß nun Volkswagen 1200 A und kam endlich auch in den Genuss von vier synchronisierten Fahrstufen.

Mitte der 60er kriselte die bundesdeutsche Konjunktur ein wenig, Volkswagen reagierte darauf im Januar 1967 mit der Neuauflage des 1200 A als »Sparkäfer« mit 34 PS. Er war innen arg karg ausgestattet – es gab nur die 6-Volt-Anlage –, aber für 4485 Mark galt er als echtes Schnäppchen. Der Einstiegskäfer mit dem 1200er-Motor erhielt ab August 1973 (also für das Modelljahr 1974) die massiveren Stoßstangen der anderen Käfermodelle, jedoch in mattschwarzer Lackierung, sowie die ganz großen Rückleuchten. Im August 1974 nahm VW die vorderen Blinker von den Kotflügeln und integrierte sie vorn seitlich in die Stoßstange. Nach dem Auslaufen der 1303-Modelle hielt der Sparkäfer mit 34 PS / 1,2-Liter-Motor und – gegen Aufpreis – mit 50 PS / 1,6-Liter sowie 12-Volt-Anlage die Fahne des Klassikers hoch. Der letzte in Emden produzierte Käfer war ein 1200 N in Dakotabeige mit Zusatzausstattung »bewegliche Kopfstützen«.

Modell 1955: 279.986 Volkswagen liefen vom Band, darunter auch, am 5. August, der einmillionste Volkswagen. Heinrich Nordhoff senkte zur Feier des Tages die Preise. 3790 Mark kostete der Standard-Käfer, das Exportmodell kam auf 4600 Mark.

Die Produktion des VW 1200 in Wolfsburg endete am 1. Juli 1974, danach erfolgte die Endmontage nur noch in den Werken Emden, Hannover und Brüssel. Die Blechteile stammten aber aus Wolfsburg.

Nach den Werksferien im August 1956 erhielt der Volkswagen ein völlig neugestaltetes Armaturenbrett. Lediglich der Tacho blieb unverändert, der Rest war neu, darunter auch das breitere Handschuhfach. Die Zierleiste war Kennzeichen der Exportmodelle.

Der Mille-Miglia-Käfer von 1956 ist eine Replica jenes Fahrzeugs, mit dem Ernst-Paul Strähle 1954 bei der Mille Miglia ein Klassensieg holte. Das Original – Spitzname »Dapferle« – hatte eine Limousine des Jahres 1948 zur Basis und den 60-PS-Motor des Porsche 356. In diesem Diamant-grünen „Ovali", aufgebaut bei den Grundmanns in Hessisch-Oldendorf im Auftrag der Volkswagen Classic, werkelt ein 75-PS-Porsche-Motor.

Kennzeichen des »Samtroten Sonderkäfer« vom August 1984 war das Lilienornament. 3000 Exemplare wurden verkauft. (Foto: © Auto-Medienportal.net / Ralph Kremlitschka)

In den Siebzigern änderte sich am Volkswagen eigentlich nichts mehr. Also versuchten die Wolfsburger, das Interesse an ihrem Oldie etwa durch (für VW-Verhältnisse) günstige Sondermodelle wach zu halten. Der Jeans-Käfer von 1974 ist ein Beispiel dafür, er kostete 345 Mark mehr als der weiterhin angebotene Sparkäfer. (Foto: © Auto-Medienportal.net / Matthias Leitzke)

VW 1200L

Am 15. Mai 1981 lief in Puebla der 20 Millionste Käfer vom Band. Volkswagen feierte dies mit dem Sondermodell »Silver Bug«

VW 1200 L

Nach dem Auslaufen der 1303-Modelle hielt der Sparkäfer mit 34 PS/1,2 Liter-Motor und – gegen Aufpreis – mit 50 PS/1,6 Liter sowie 12-Volt-Anlage die Fahne des Klassikers hoch. Weiterhin lieferbar war für beide Versionen die L-Option, wobei der 1,6 Liter-Käfer das Heck des 1303 erbte. Am Fahrwerk mit Traghebel-Vorderachse und Pendel-Hinterachse hatte sich nichts geändert, die 50 PS-Käfer mit L-Paket hatten die Ausgleichsfeder an der Hinterachse und vordere Scheibenbremsen. 8470 Mark kostete der 1200 L des Modelljahres 1977, den 34 PS-Sparkäfer gab es dagegen schon für 7480 Mark. Zum Vergleich: ein VW Golf kostete in Grundausstattung (zwei Türen, 50 PS) 9195 Mark, das Top-Modell GLS (zweitürig, 75 PS) 11.420 Mark. Das Käfer-Programm bestand aus dem Sparmodell 1200 N mit 34 PS, dem etwas besser ausgestatteten VW 1200 L (34 PS) sowie dem 1200 S mit 50 PS.

Am 19. Januar 1978 endete die Produktion der Kult-Kugel in Deutschland; die Fertigung war zuvor von Wolfsburg nach Emden verlegt worden. Als sie dort auslief, begann die VW-Vertriebsorganisation Käfer für den europäischen Markt aus dem VW-Tochterunternehmen in Puebla (Mexiko) zu beziehen. Der Mexiko-Käfer wurde offiziell als VW 1200 L vermarktet, unterschied sich aber vom deutschen L-Typ. Er kostete 8145 Mark (der letzte deutsche L-Käfer hatte DM 8335,- gekostet) und war nur in einer Motorversion, nämlich mit 34 PS lieferbar. Er wies im Wesentlich die bekannte Ausstattung auf, also verchromte Stoßfänger ebenso wie die »Elefantenfüße« am Heck, außerdem die gepolsterte Schalttafel, verstellbare Kopfstützen vorn sowie Dreipunkt-Automatikgurte. Die Zwangsentlüftung gab es auch weiterhin, das zweistufige Frischluftgebläse dagegen nicht. Dazu kam die kleinere Heckscheibe in der Form der Modelljahre 1965 bis 1971. Gürtelreifen, Chromzierleisten, Benzinuhr und heizbare Heckscheibe gehörten zur Mexiko-Ausstattung, auch die 1600er-Hinterachse mit Ausgleichsfeder. Dafür gab's nur Trommelbremsen.

Den Mexiko-Käfer bot die VAG insbesondere in Form von Sondermodellen an, etwa als »Silver Bug« 1981, als »Jeans«-Käfer 1982, als »Aubergine«-Käfer 1983, »Eisblau« und »Sunny Bug« 1984 und als »Samtrote Sonderausgabe« 1985. Es gab ihn nur mit Schaltgetriebe. Das letzte Schiff mit offiziell von VW importierten Mexiko-Käfern in zinngrauer Lackierung legte im August 1985 an; beim Entladen allerdings erlitten die meisten der 3150 Wagen (die Ladung bestand nicht nur aus Jubiläums-Käfern) Hagelschäden, welche dann aufwändig nachgearbeitet werden mussten. Seinen letzten großen Auftritt hatte der Klassiker als Jubiläums-Sondermodell »50 Jahre Käfer« dann zur Frankfurter Autoschau IAA, der letzte offizielle Listenpreis betrug DM 11.950,-.

Rollte direkt ins Museum: Der letzte in Emden produzierte Käfer war ein VW 1200 N vom Januar 1978 mit unter 50 km auf der Uhr. (Foto: © Kittler)

Die deutsche Sparkäfer-Palette des Jahres 1974: Links der VW 1200 A (mattschwarze Stoßfänger), mittig der VW 1200 L (verchromte Stoßfänge, schwarze Gummilippe), rechts der VW 1303 A mit 44 PS-Motor.

VW 1300

VW 1300

Der VW 1300 von 1965 war ein in Hubraum und Leistung angehobener Export-Käfer. Seine 40 PS waren für eine Spitze von 122 km/h gut. Neu war die Vorderachse samt Drehstabfeder mit jetzt zehn statt acht Blättern. Äußerlich erkennbare Veränderungen waren schwarze Lochfelgen mit etwas flacheren Radzierkappen als bisher. Und die Sitze erhielt man jetzt auch mit einem Flächenbezug in Skai als Alternative zum Stoff. Das schwarze Lenkrad hatte wieder einen Signalhalbring; über den Abblendlichthebel links am Lenkstock bediente man das Fernlicht und die Lichthupe. Ab August 1966 bekam das Modell 1300 die Ausgleichsfeder an der Hinterachse und damit eine etwas breitere Spur. Gab es auch als Basis-Variante 1300 A, wahlweise sogar mit dem alten 1200er 34-PS-Aggregat und automatischer Kupplung Saxomat.
Trotz Einführung des VW 1302 zum Modelljahr 1971 wurde der identisch motorisierte VW 1300 nicht ausrangiert. Karosserie und Fahrwerk waren gleich geblieben, die Wolfsburger hatten ihn aber innen wie außen deutlich besser ausgestattet. Zur Unterscheidung vom Sparkäfer trug der 1300er einen verchromten Schriftzug auf der Motorhaube. Letztere war übrigens für 1971 mit zusätzlichen Luftschlitzen versehen worden. Der 820 kg schwere 1300er schaffte bei Testfahrten sogar 130 km/h. Zum Modelljahr 1972 wurde quer durch die Modellpalette die Heckscheibe um vier Zentimeter vergrößert. Innen kam ein neues Lenkrad mit Prallplatte zum Einbau. Und im Motorraum hielt ein Diagnosestecker Einzug. Der VW 1300 kostete zuletzt 6330 Mark und verschwand zum Modelljahr 1976 – Produktionsstopp Mai 1975 – aus dem Programm.

Der VW erhielt für 1965 eine modifizierte Karosserie und größere Fensterflächen, für 1966 kamen eine neue Vorderachse und mit dem VW 1300 der bislang stärkste Käfer überhaupt.

VW 1500

Als dritte Limousinen-Variante erschien im August 1966 der 44 PS starke VW 1500. Der 128 km/h schnelle Käfer war der erste mit vorderen Scheibenbremsen, die Teves lieferte und die auch beim Typ 3 / 1600 TL Verwendung fanden. Im August 1967 kam der große Karosserieumbau, der zu den neuen Stoßstangen mit »Eisenbahnschienen«-Profil führte. Die Scheinwerfergläser standen nun senkrecht, der Tankeinfüllstutzen wanderte hinter eine (für 1969 sogar verriegelbare) Klappe oberhalb des rechten vorderen Kotflügels. Der Koffer- sowie der Motorraumdeckel waren kürzer geworden. Ab 1968 bot VW optional eine Getriebe-Halbautomatik mit drei Schaltstufen an; diese 1500er erhielten auch eine neue Doppelgelenk-Hinterachse. Die Unterscheidung in Standard- und Exportmodell hatte man aufgegeben, der Standard hieß zunächst »A« (und hatte dann keine Zusatzbezeichnung mehr), das Export-Modell »L«. Die längst überfällige 12-Volt-Elektrik kam im August 1967 an Bord, nur der Standard-Käfer hatte noch die 6-Volt-Anlage.

Zum Modelljahr 1968 erhielt der VW 1500, natürlich gegen Aufpreis, eine 3-Gang-Halbautomatik. Schön zu sehen sind die sogenannten »Bügeleisen«-Rückleuchten.

Der VW 1300 stand zwischen 1966 und 1973 im Programm. Im Bild ein Modell 1971 mit der Motorhaube des 1302 und Zwangsbelüftung im hinteren Seitenteil.

Zum Modelljahr 1967 erschien der VW 1500 mit dem 44 PS starken 1,5-Liter-Motor. Die Höchstgeschwindigkeit betrug laut Werk 125 km/h, vorne verzögerten Scheibenbremsen.

Das ist Annie: Kathleen Brooks kaufte im Dezember 1966 in Riverside, Kalifornien einen roten VW 1500, den sie bald »Annie« nannte. Seitdem ist Annie Kathleens tägliches Transportmittel. In 51 Jahren hat sie mehr als 350.000 Meilen zurückgelegt - genug, um 14 Mal die Erde zu umrunden - und das Duo ist noch immer unzertrennlich. VW of North America erfuhr von der Geschichte und spendierte »Annie« eine Frischzellenkur und modernisierte behutsam auch die Technik.

VW 1302 / 1303

VW 1302

Der VW 1302 war der erste Volkswagen, der deutlich aus dem bisherigen VW-Einheitsbrei hervorstach. Der 44-PS-Käfer mit dem 1,3-Liter-Motor des VW 1300 erschien zum Modelljahr 1971 und hatte einen komplett neuen Vorderbau erhalten, was insbesondere für den US-Markt von Wichtigkeit war. Damit einher ging eine neue Vorderachse mit McPherson-Federbeinen. Die Doppelgelenk-Hinterachse hatten alle Serien-1302, nicht nur die Modelle mit Getriebeautomatik. Der Radstand hatte leicht zugelegt. Zu haben war der 1302 in den drei Ausstattungsvarianten, nämlich Basis (ohne vordere Scheibenbremsen), S und LS. Die S- und LS-Versionen hatten einen 1,6-Liter-Motor mit 50 PS. Die Preisliste begann bei DM 5745,–.

Als der Käfer Fords T-Modell als meistgebautes Fahrzeug der Welt überholt hatte, feierte dies Volkswagen im Februar 1972 mit dem 1302/ LS-Sondermodell »Der Weltmeister«.

VW 1303

Gebaut wurde der 1302 nur zwischen 1970 und 1972, und sein Nachfolger, der 1303, sollte es nur auf eine um ein Jahr längere Bauzeit bringen. Neu waren hier die gewölbte Windschutzscheibe und das schwarz bezogene und dick gepolsterte Instrumentenbrett. 1974 wanderten die Blinker von den vorderen Kotflügeln in die Stoßstangen. Motorseitig standen der 1,3- und der 1,6-Liter-Motor im Angebot, das zwischen August 1973 und Juli 1974 gebaute Sparmodell 1303 A mit seinen mattschwarz lackierten Stoßstangen musste sich sogar mit dem alten 34-PS-1200er begnügen. In der Rückansicht war der 1303 sofort an den großen Rückleuchten, den »Elefantenfüßen«, zu erkennen.

VW Porsche Salzburg

Im Ruch überbordender Sportlichkeit hatte der Käfer nie gestanden, Mitte der Sechziger sollte sich das ein wenig ändern: Porsche-Schwester Luise Piëch ordnete beim österreichischen VW- und Porsche-Importeur den Aufbau einer Motorsport-Abteilung an, die insbesondere zwischen 1971 und 1973 mit den sogenannten Salzburg-Käfern der Gruppe 2 bei Rallye-Wettbewerben für Furore sorgte. Basis des eiligen Tuns bildeten die 1302 und 1303 mit McPherson-Federbeinen und Schräglenkerhinterachse, die auf 1599 cm3 Hubraum gebracht und auf Trockensumpfschmierung umgerüstet worden waren. Schärfere Nockenwellen, ein Porsche-908-Ölkühler und weitere Tuning-Maßnahmen – darunter auch die Vergaseranlage des Porsche 904 – kitzelten bis zu 125 PS bei 6000/min aus dem 1600er. Die Kraftübertragung erfolgte über das Fünfgang-Getriebe des VW-Porsche mit einer 80%-Sperre. Das Fahrwerk blieb weitgehend unverändert, Bilstein-Sportstoßdämpfer und 5,5-Zoll-Felgen mit Reifen der Dimension 185 SR 15 machten den Unterschied. Unter der runden Haube wurden ein 80-Liter-Alutank und eine Domstrebe untergebracht. An der Stelle der Rücksitzbank saß der Öltank. Das letzte Jahr war das erfolgreichste, im April 1973 gewann Achim Warmbold mit dem schwarz-silbernen 1303 S (Kennzeichen S 26.301) die Rally dell'Isola d'Elba, einen Lauf zur Rallye-EM.

Nach Erscheinen des 1303 S setzte Porsche Austria diesen Typ im Motorsport ein. Auf 1,6 Liter Hubraum gebracht, lag die Leistung bei rund 125 PS. Typisch für die Rallye-Käfer war Lackierung in Metallicsilber (Farbcode L96D) in Kombination mit mattschwarzen Hauben, teilweise auch mit rot-weiß-rotem Längsstreifen. (Foto: © Kuch)

Zwischen 1971 und 1973 engagierte sich der österreichische VW- und Porsche-Importeur in der Rallye-Gruppe 2. Dieser Salzburg-Käfer 1302 kam im Renntrimm auf rund 120 PS (Foto: © Kuch)

VW 1302, Modelljahr 1970, mit Federbein-Vorderachse und Schräglenker-Hinterachse. Erstmals hatte sich beim Käfer der Radstand verlängert – woraus VW dann die Bezeichnung 02 ableitete.

Die Typ-1-Zulassungen im Jahre 1971 verteilten sich folgendermaßen: 67 % der Käufer entscheiden sich für 1302 und 1302/s, 21 % für den VW 1300, 9 % entfielen auf den VW 1200 und 3 % auf das Cabrio. Insgesamt kamen im Bundesgebiet 291 312 neue Käfer in den Verkehr.

Es gab inzwischen wesentlich geeignetere und geräumigere Streifenwagen als den Käfer, doch kaum günstigere. Hier ein 1303 in der seit 1973 üblichen Zweifarb-Lackierung.

Verschärfte US-Sicherheitsvorschriften führten zu erheblichen Änderungen am Käfer-Konzept und zu einer neuen Bezeichnung: Aus dem VW VW 1302 wurde der VW 1303.

Nachdem für das Cabrio nur noch der 50-PS-Motor lieferbar war, wurden die offenen Volkswagen 1303 ab Modelljahr 1975 ohne LS-Bezeichnung ausgeliefert. (Foto: © Kuch)

Den Sieg bei der Fussball-WM 1974 feierte Volkswagen mit dem 1303-Sondermodell »World Cup 74«. 25 der insgesamt 300 cliffgrünen LS-Cabriolets mit der mattschwarzen Haube wurden an Spieler und Betreuerstab verschenkt.

Im Januar 1980 lief bei Karmann der letzte offene Käfer vom Band. In den letzten Jahren war das Cabrio mit der Panorama-Scheibe nur noch für den amerikanischen Markt gebaut worden. Dort vollzog sich ein Abschied auf Raten und mit zahlreichen Sondermodellen, wie dem »Sun Bug«, der »Champagne Edition« oder den »Triple Black« und »Triple White«. Das Karmann-Fotomodell trägt die zeitgenössischen, aber nicht serienmäßigen 5,5-Zoll-ATS-Alus.

Dieser 1303 von 1976 kostete damals – netto – DM 10.927,93. Mit zusätzlichen Extras wie einem abschließbaren Tankdeckel oder H4-Licht kletterte der Preis dann auf DM 13.306,- ohne Alus und Cibie-Scheinwerfer. (Foto: © Kuch)

VW CABRIOLET

VW 1302 Cabriolet

Kennzeichen des 1302 Cabriolets war der größere Vorderwagen samt neuem Fahrwerk mit Federbein-Vorderachse, dreiteiliger Sicherheitslenksäule und hinterer Doppelgelenkachse. Damit einher ging die vergrößerte Spurbreite vorn, die einen größeren Lenkeinschlag und damit einen kleineren Wendekreis zur Folge hatte. Anders als die Limousine gab es das Cabriolet nur mit 50-PS-Motor und in L-Ausstattung, ergab zusammen die Modellbezeichnung »1302 LS«. Dazu kam der neue Verdeckmechanismus, der bei heruntergeklapptem Dach Höhe und Länge des Verdeckpakets verringerte. Die Lüftungsschlitze im Motordeckel bildeten vier Gruppen. Weitere Veränderungen entsprachen denen am Limousinen-Grundmodell. Der Preis für das Cabriolet betrug bei der Einführung 7490 Mark.

VW 1303 Cabriolet

Das letzte Cabriolet auf VW-Käfer-Basis wurde im August 1972 für das Modelljahr 1973 präsentiert, nur kurz nach der Limousine. Wie diese hatte auch das Cabrio die modifizierte Vorderachsgeometrie mit negativem Lenkrollradius erhalten und die breiteren Felgen der Dimension 4,5 J x 15. Der Karmann-Viersitzer sollte DM 8840,– kosten; im Modelljahr 1975 – nachdem die vorderen Blinker in die Stoßfänger gewandert waren – wurden dafür bereits stolze DM 12.130,– aufgerufen. Dafür gab es jetzt immerhin eine vergrößerte Heckscheibe und endlich eine Zahnstangenlenkung anstelle der Schneckenrollenlenkung. Außerdem wurden die Kotflügelkeder nicht mehr in Wagenfarbe lackiert, sondern waren einheitlich schwarz. Während die 1303-Limousine mit Ablauf des Modelljahres 1975 vom Band genommen wurde, liefen die Cabriolets, zuletzt vor allem als Sondermodell für den US-Markt, noch bis Januar 1980 vom Band, bis auch der Teilefluss von VW in Emden versiegte. In diesen letzten Jahren war es zu keinen Änderungen mehr gekommen, abgesehen von den ab 1978 verwendeten Sitzen mit verstellbaren Kopfstützen anstelle der bis dahin üblichen »Tombstones«. Der letzte offizielle Preis hatte 14.423 Mark betragen.

VW 1302 LS, 1971 für 7990 Mark in der Preisliste. Nur für das Cabrio stand auf Wunsch – und gegen Aufpreis – neben den VW-Farben auch die von Porsche zur Verfügung. Ohne Aufpreis dagegen die Wahl zwischen Kunstleder oder Stoff-Sitzbezügen.

VW TYP 147 / TYP 181

VW Typ 147

Für alles, wofür der Käfer zu klein und der Transporter zu groß war, präsentierte Volkswagen Mitte 1965 den Kleinlieferwagen Typ 147, der den Spitznamen »Fridolin« erhielt. Der Transporter entstand bei Westfalia und kombinierte Technik und Bodengruppe des Karmann-Ghia 1200 mit einer dem Typ 3 ähnlichen Schnauze. Praktisch war das 1,73 Meter hohe Dach; der Zugang zum rund 2,3 Kubikmeter großen Laderaum erfolgte entweder über eine seitliche, knapp 1,30 Meter breite Schiebetür oder über die große Heckklappe. Die Zuladung betrug 400 Kilogramm. Der rund 100 km/h schnelle Fridolin stand mit 6500 Mark (Aufpreis für klappbaren Beifahrersitz: DM 240,–) in der Preisliste, bis 1974 wurden 6139 Fahrzeuge gebaut. Sie liefen fast ausschließlich im Behördendienst und - leicht modifiziert - bei der Schweizer Post.

Ursprünglich sollte der VW 181 bei Karmann gebaut werden, er rollte dann aber doch in Wolfsburg vom Band. Nach Serienanlauf des Golf erfolgte die Produktion in Mexiko, dort hieß er »VW Safari«. (Foto: © Alf van Beem, CC0)

VW Typ 181

Nach dem Vorbild des Wehrmachts-Kübelwagens Typ 82 der Kriegsjahre entstand für die Bundeswehr dieser offene Viertürer. Der Wagen war nur bedingt geländegängig und basierte auf der breiten Bodengruppe des Karmann-Ghia. Die Änderungen an der Plattform beschränkten sich auf neue Lagerkörper und den zusätzlichen Unterzug unter dem hinteren Querrohr. Die Vorderachse ähnelte der des Käfers, die Modifikationen betrafen Achsschenkel und Vorderachsabstützung. Die hintere Portal-Pendelachse mit Vorgelege wurde auch beim alten Wehrmachtskübel beziehungsweise der ersten Transporter-Generation verwendet. Sie ermöglichte eine Bodenfreiheit von gut 200 mm. Mit 3,78 m Länge war der neuzeitliche Kübel um fast 300 mm kürzer als der Typ 1, der Käfer. Für Vortrieb sorgte der aus dem VW Käfer 1500 bekannte Vierzylinder-Boxermotor mit 44 PS, 1971 folgte der gleichstarke 1302-S-Motor. Weitaus häufiger als bei der Bundeswehr war der Typ 181 aber bei Behörden und anderen Institutionen unterwegs, die Zivilausführung des »Kurierwagens«, so die VW-Bezeichnung, wurde unter dem Namen »Safari« angeboten; die olivgrüne Bundeswehrlackierung kostete in diesem Fall dann knapp zehn Mark Aufpreis. Bei seiner Vorstellung 1969 betrug der Verkaufspreis DM 8500,–, dann kletterte der Preis Jahr für Jahr und erreichte im April 1975 mit DM 13.260,– seinen Höhepunkt, jeweils einschließlich Standheizung. Gegen Aufpreis war eine Differenzialsperre erhältlich, auch die Standheizung kostete zuletzt extra.

Ab August 1973 erhielt man den VW 181 nur mehr aus mexikanischer Fertigung, von dort aus wurden auch Teilesätze zur Montage nach Indonesien geliefert. Der Kübelwagen mit den vielen Namen (die Amerikaner nannten ihn schlicht »The Thing«, die britische Ausführung – Typ 182 – lief als »Trekker«, in Mexiko hieß er »Safari« und in Indonesien »Camat«) erhielt dann die großen »Elefantenfuß-Rückleuchten«, eine moderate Leistungsspritze auf 48 PS, breitere Räder (185 SR 14) und die Schräglenker-Hinterachse, wie sie auch bei den VW 1302 und 1303 verwendet wurde. In den USA wurde »das Ding« lediglich zwischen 1972 und 1975 verkauft, die neuen Sicherheitsbestimmungen für Pkw machten ihm den Garaus.

Insgesamt baute das Volkswagenwerk von diesem Pseudo-Geländewagen 70.395 Stück, bevor die Produktion Ende 1978 auslief. In den letzten beiden Jahren entstanden allerdings keine nennenswerten Stückzahlen mehr.

Neben der Bundeswehr entschieden sich auch Behörden wie etwa der Fernmeldedienst der Bundespost für den VW 181.

Der Vorläufer des VW 181 war der Kübelwagen des Zweiten Weltkriegs. Um die unselige Vergangenheit hinter sich zu lassen, hieß der neue Militär-VW offiziell »Kurierwagen«. Ein echter Geländewagen war er nicht, aber durchaus brauchbar in leichtem bis mittelschwerem Terrain. Er stand mit 8500 Mark in der Preisliste und hatte den 44-PS-Motor. Auf Wunsch und gegen Aufpreis von DM 9,99 war er auch für Privatkunden im olivgrünen Militäranzug lieferbar. (Foto: © Kuch)

Kennzeichen der 1974er Modelle waren die großen »Elefantenfuß«-Rückleuchten des 1303, die montiert werden mussten, um den neuesten US-Sicherheitsbestimmungen zu genügen.

In den USA wurde der Typ 181 als »Das Ding« vermarktet, als trendiges Spaßfahrzeug für die kalifornische Surfer-Community. Für dortige Strände gedacht war der »Acapulco«.

Eine Mischung der Typen 1, 2 und 3: VW 147. Der Wagen blieb zwischen 1965 und 1974 in Produktion. Westfalia in Wiedenbrück fertigte bis zu fünf Fahrzeuge pro Tag, praktisch ausschließlich für die Postbehörden (vorn links ein ab Werk etwas leistungsstärkeres Exemplar der Schweizerischen Post).

VW TYP 14

Karmann Ghia 1200 / 1300 / 1500 / 1600

Das bei Karmann in Osnabrück gefertigte Coupé (VW Typ 14) basierte auf einem Design der italienischen Firma Ghia und nutzte die Plattform des Export-Käfers. Um die neue Karosserie aufsetzen zu können, musste diese um insgesamt 160 mm verbreitert werden, außerdem wurden die Lenksäule flacher ausgerichtet und der Schalthebel gekürzt. Zudem war der Ghia-Entwurf ein ziemlich aufwändiges Blechpuzzle, an eine kostengünstige Großserienfertigung hatte anscheinend keiner gedacht. Gar nicht zu der eleganten Karosserie passte die bescheidene Motorleistung; die Unterschiede zum 30-PS-Motor des Käfers beschränkten sich auf einen anders positionierten Luftfilter, eine andere Vergaserbestückung und eine im Motorraum untergebrachte Batterie. Die Publikumspremiere erfolgte auf der IAA in Frankfurt im September 1955. Für das Coupé rief VW stolze 7500 Mark auf.

Obwohl das schmucke Coupé etwas schwerer war als der Käfer, lag die Höchstgeschwindigkeit um etwa 5 km/h über der des Dauerläufers. Von Anfang an hatte der Sport-VW Blinker statt Winker und einen vorderen Querstabilisator. 1959 erhielt der Karmann Ghia eine modifizierte Frontpartie mit größeren und weiter nach vorn versetzten Scheinwerfern sowie größere Kühlluft-Einlassöffnungen. Die hinteren Scheiben waren jetzt ausstellbar. Scheibenwaschanlage und Lichthupe gab es serienmäßig, außerdem kamen geänderte hintere Kotflügel und Dreikammer-Rückleuchten. 1960 folgten der 34-PS-Motor aus der Export-Limousine, das vollsynchronisierte Getriebe, die Spindellenkung und das asymmetrische Abblendlicht. Und die mittlerweile vom Gesetzgeber vorgeschriebene Diebstahlsicherung erhielt der Karmann ab August 1961 in Form eines Schaltschlosses.

Neu beim Karmann Ghia 1300 waren neben dem 40-PS-Motor und der verbesserten Vorderachse das Armaturenbrett mit Chromleiste und sonstige Kleinigkeiten. Sonst änderte sich wenig, schon gar nicht das kinderleicht zu bedienende Faltverdeck: Durch Drehen des Griffes über dem Windschutzscheiben-Rückspiegel wurden die beiden Halteklauen entriegelt, die das Verdeck im Windschutzscheibenrahmen verankerten. Die Stoffmütze verschwand dann, sauber gefaltet, hinter den Sitzen. Der Verdeckrucksack, der beim viersitzigen Karmann-Cabrio teilweise die Luftzufuhr zum Motor behinderte, blieb dem Ghia-Cabrio erspart. Der Preisunterschied zum Coupé betrug weiterhin rund 700 Mark. Mitte der 60er war die Nachfrage nach dem »Volkswagen im Sonntagskleid« (VW-Werbung) am größten, 1964 kamen hierzulande 13.121 Cabrios und Coupés auf die Straßen. Natürlich wurde »die Ghia-Robe für den VW« (wie ein Test 1955 titelte) mit Einführung des 1,5-Liter-Motors auf das 44-PS-Aggregat umgestellt. Der KG 1500 erschien nach den Werksferien 1966 und kostete DM 7445,–. Während sich im Grundsatz nicht viel geändert hatte (noch immer galt der Ghia als der schönere VW), kam der 1500er in den Tests außerordentlich gut weg, was vielleicht auch an der breiteren Spur der Hinterachse und der Ausgleichsfeder lag. An der Vorderachse verzögerten nun Scheibenbremsen. Und außerdem hatte man ihn netter eingerichtet, die Armaturentafel war mit PVC-Folie im Teakholzlook überzogen, dazu kamen neue Zierleisten, ein kombiniertes Anlassschloss mit Lenksperre und Vordersitze mit abnehmbarer Rückenlehne. 1968 erhielten die Kontrollleuchten an der Instrumententafel Symbole, und eine Warnblinkanlage gab es jetzt auch.

Die 1,6-Liter-Version vom August 1970 wies neben dem Motor des 1302 S viele Detailverbesserungen auf wie Abschleppösen vorn und hinten oder einen Tages-Kilometerzähler. Für 1972 kamen die klobigen »Eisenbahnschienen«-Stoßstangen, die großen Typ-3-Rückleuchten und eine schwarz überzogene Armaturentafel mit den Rundinstrumenten des 411 E. Neu war auch ein Vierspeichen-Lenkrad mit gepolsterter Nabe. Die Chronik verzeichnete noch kleinere Änderungen für 1972 und 1973; die Produktion des Coupés endete dann Anfang 1974, die letzten Export-Cabrios liefen am 21. Juni 1974 vom Band. Insgesamt entstanden 443.466 Ghia (einschließlich der rund 23.500 Autos, die zwischen 1960 und 1978 in Brasilien gebaut worden waren).

Zwischen 1951 und 1961 fertigte Ghia für Chrysler Stylingstudien und Prottypen. Beim 1955 präsentierten Karmann-Ghia stand die Chrysler-Studie K-310 Pate, beim Frontentwurf ein Alfa von 1947.

Zum Modelljahr 1960 wurden Front und Vorderwagen modifiziert. Kennzeichen des neuen Jahrgangs waren gegenüber den sogenannten »Low Light«-Exemplaren die höher gelegten Scheinwerfer und die breiten, verchromten Lufteinlässe.

Im Karmann-Heck saß der bekannte 30-PS-Vierzylinder-Boxermotor mit Luftkühlung. Vielen Käufern war er allerdings zu schwach, die Höchstgeschwindigkeit lag bei 120 km/h und damit nur unwesentlich über der des Käfers.

Die amerikanischen Sicherheitsbestimmungen führten zum letzten großen Facelift 1971 – wobei dank des Baukastenprinzips auch Teile wie Blinker vorn oder Heckleuchten vom Typ 3 übernommen werden konnten.

Im Juli 1974 endete die Produktion des Karmann-Ghia. Seit 1955 waren 442.000 Fahrzeuge gebaut worden, darunter 82.000 Cabriolets.

Zwischen 1957 und 1974 entstanden 80.881 Cabriolets, wobei die Modellentwicklung sich am Käfer orientierte: 1966 kam der KG 1300, 1967 der 1500 und 1970 dann der Typ 1600 mit dem 50-PS-Motor des VW 1302 S.

Zwei Jahre nach dem Coupé rollte ab November 1957 der VW Karmann Ghia Typ 14 auch als Cabriolet vom Band. Die erste große Modellpflege erfolgte 1960.

Restauriertes Modell von 1965. »California Style« sagen die einen, »verhunzt« die anderen. Kein Zweifel, Original ist das nicht, aber das Bild eine Wucht.

Karmann Ghia Cabriolet (Typ 141)

Karmann hatte schon lange mit einem offenen Zweisitzer geliebäugelt und bereits 1954 einen Prototyp erstellt. Ohne Dach war aber die Karosserie nicht stabil genug, daher verstärkte Karmann Aufbau und Fahrgestell. Die zweisitzige Cabrioletversion (Typ 141) erschien letztlich zum September 1957, wobei das Cabrio die technischen Grunddaten des Coupés aufwies. Serienmäßig an Bord waren nun die Tankuhr wie auch die Blinkerschalter mit automatischer Rückstellung. Die Betätigung der Hupe erfolgte über einen Halbring im neuen Lenkrad. Das Cabriolet kostete DM 8250,–; später sank der Preis auf DM 7635,–, doch das war noch immer fast das Doppelte dessen, was ein Standard-Volkswagen kostete.

Das Karmann-Ghia-Cabriolet war im technischen Aufbau stets identisch mit dem Coupé, auch die Extras waren die gleichen. Beliebt waren die US-Stoßstangen mit aufgesetzten Bügeln – standen auch bei Neckermann zum Nachrüsten im Katalog, die Rammstoßstangen kosteten keine 70 Mark –, ein Autoradio und verspielte Radzierblenden, die es auch mit Speichenimitat gab.

Gerade auch um die Chancen auf dem amerikanischen Absatzmarkt zu verbessern, war der Karmann Ghia seit 1961 auch mit »Saxomat«-Halbautomatik lieferbar. Deutsche Käufer konnten diese ebenfalls ordern, ließen das aber meist bleiben, erstens wegen der 310 Mark Mehrkosten und zweitens wegen der Testberichte, die davon abrieten. Nach Einführung des VW 1300 erbte der Karmann Ghia dessen Antriebs- und die neue Vorderachse.

Nach den Werksferien 1966 erfolgte auch beim KG die Umstellung auf den 1,5-Liter-Motor mit 40 PS; die 1,6-Liter-Version mit dem 1302-S-Motor rollte ab August 1970 vom Band.

Hier zu sehen, aber nur als Extra lieferbar: die einknöpfbare Persenning. Der »sportliche« Volkswagen, insbesondere als Cabriolet, galt als Frauenauto, und das war durchaus despektierlich gemeint.

VW TYP 3

VW 1500

Schon lange, bevor es den VW 1500 / Typ 3 zu kaufen gab, wusste jeder, wie er aussah. Dass Wolfsburg einen neuen, größeren Volkswagentyp (der für VW »die Butter auf dem Brot« darstellen sollte) in der Pipeline hatte, pfiffen inzwischen die Spatzen von den Dächern, nicht zuletzt, weil VW-Chef Nordhoff 1960 auf dem Genfer Salon so etwas andeutete. Über den Exportleiter des Werkes, Manuel Hinke, und die amerikanische Nachrichtenagentur UPI gelangten Ende März erste Details an die Öffentlichkeit. Nordhoff schickte zwar nur Stunden später ein Dementi hinterher, bestätigte dann aber doch, dass die eigenmächtigen »Winke von Hinke« (Der Spiegel, Nr. 15/1960) nicht aus der Luft gegriffen waren. Rund ein Jahr später, und ein gutes halbes Jahr vor der offiziellen Präsentation auf der Frankfurter Autoschau im September 1961, erschienen von diesem Auto erste Fotos, und auto motor und sport stellte im Mai ein Vorserienexemplar ausführlich vor. Die wichtigste Erkenntnis dabei: der neue VW Typ 3 war kein Käfer, aber ein echter Volkswagen, mit allen Vor- und Nachteilen. Presse und Kunden indes hatten irgendwie mehr erwartet, der Serienanlauf war holperig. Die Typ-3-Familie feierte ihr Debüt auf der IAA im September 1961, zusammen mit drei Karmann-Ghia-Typen: Neben dem Viersitzer-Cabriolet und dem Coupé war auch ein offener Typ-3-Zweisitzer zu sehen. Während aber die Cabriolets nicht über das Vorserienstadium hinauskamen, ging das Coupé – intern als Typ 34 bezeichnet – in Serie, es galt als eines der besten sportlichen Autos jener Zeit. Es überzeugte in Verarbeitung, Ausstattung, Fahreigenschaften und -leistungen, doch wurde das von den Autokäufern nicht honoriert. Bis 1969 wurden nicht mehr als 42.498 große Karmann gebaut; die übrigen Mitglieder der Typ-3-Familie (die Reihe war im August 1965 noch um die Fließheck-Ausführung TL ergänzt worden) brachten es auf rund 2,5 Millionen Exemplare.

Die Käfer-Technik hatte er, seine Karosserie aber war neu: Volkswagens Typ 3, im August 1961 erschienen, präsentierte sich im modischen Ponton-Look (wenn auch nicht mit selbsttragender Karosserie). Das Platzangebot war besser als beim Käfer, und neben dem Kofferraum im Bug gab es auch einen von außen zugänglichen im Heck über dem Flachmotor: Um Bauhöhe zu sparen, hatte man Aggregate wie Gebläse, Ölkühler, Vergaser und Lichtmaschine neu angeordnet. Das Kurbelgehäuse stammte vom 1200er-Motor des Jahres 1960, allerdings rotierte darin eine neue Kurbelwelle. Neu waren auch die Gemischaufbereitung und die Position des Gebläses. Die kümmerliche 6-Volt-Elektrik war ebenfalls ein Käfer-Erbe, immerhin funktionierte die Heizungs- und Belüftungsanlage – schwenkbare Dreieckfenster vorn, ausstellbare Seitenscheiben hinten – besser. Bei seiner Präsentation im August 1961 kostete der VW 1500 DM 6400,–. Leider gab es die Stufenheck-Limousine nur als Zweitürer.

VW 1500 Cabriolet (Prototyp)

Zwischen 1961 und 1963 entstanden bei Karmann insgesamt zwölf Prototypen eines Typ-3-Cabriolets, das bei der IAA-Premiere der neuen Baureihe im September 1961 mit auf dem Messestand zu bewundern war. Auch der Preis stand fest: Es hätte DM 8200,– kosten sollen. Kurze Zeit vor dem geplanten Serienanlauf – die Prospekte waren bereits gedruckt worden – stoppte die Konzernleitung den Countdown: Während der Fahrerprobung hatte sich herausgestellt, dass der Aufbau nicht verwindungsfest genug war. Dieses Problem ließ sich nicht zufriedenstellend lösen, daher wurde die Serie nie verwirklicht. Zehn der zwölf Versuchswagen landeten im Shredder, mindestens zwei Exemplare überlebten: Eines steht im VW-Museum (»Stiftung AutoMuseum Volkswagen«), ein zweites aus der früheren Karmann-Sammlung in Osnabrück rollt heute frisch restauriert in Diensten von Volkswagen Classic.

Typ 3: Ein neues Auto aus dem Hause Volkswagen war schon beinahe eine kleine Sensation, zumal hier erstmals ein VW eine moderne Ponton-Form aufwies.

Das Viersitzer-Cabrio, gebaut von Karmann (hier das Exemplar des AutoMuseums), wurde zur IAA 1961 vorgestellt. Die Prospekte waren bereits gedruckt, auch der Preis – 8200 Mark – stand fest. In der Erprobung zeigte sich aber, dass der Wagen zu wenig verwindungssteif war. Sein Serienanlauf wurde gestoppt.

Die Linie der Vernunft: der VW 1500 wurde im September 1961 auf der Frankfurter Automobilschau IAA vorgestellt. Durch die Heckmotor-Bauweise war der Kofferraum-Ladeboden aber sehr hoch.

Ob mit oder ohne Dach: Anders als beim Volkswagen saß im VW 1500 das Gebläse hinter dem Motor, direkt auf der Kurbelwelle. Außerdem war der Keilriemen, der die Lichtmaschine antrieb, gekapselt. Das Fahrzeug wird heute von Volkswagen Classic eingesetzt.

Das Auto mit zwei Kofferräumen: Das Gepäck teilte sich vorn den Raum mit dem 40-Liter-Tank, während es hinten vom Motorraum eingeschränkt wurde. Über dem Nummernschild saß der Öleinfüllstutzen, der Messstab war in den Deckel integriert.

Der VW 1600 L trat 1965 die Nachfolge des S-Modells an. Über ihn gab es keine Klagen, endlich war der Typ 3 ein echter Volkswagen: solide, sicher und zuverlässig. (Foto: © Kuch)

»Tourenlimousine« hieß die zwischen 1965 und 1973 lieferbare Version des Typ 3 mit Fließheck und 54-PS-Motor. Das lange hintere Seitenfenster war heiß umstritten, für die Zeit damals jedenfalls ein sehr ungewöhnliches Stylingmerkmal. Zum Luxus-»L«-Paket gehörten zwei Türtaschen, ein zweiter Aschenbecher, Parkleuchten, eine verchromte Auspuffblende und andere Ausstattungsdetails.

Zum Modelljahr 1970 fand die einzige größere optische Modellpflege statt: Der Bug wuchs um 12 cm in die Länge (und das Kofferraumvolumen auf 230 Liter). Außerdem wurden größere Blinkleuchten verwendet, sowohl vorne als auch hinten. (Foto: © Kuch)

VW TYP 3

VW 1500 S

Zum Modelljahr 1964 erweiterte das Volkswagenwerk seine Angebotspalette um die sogenannten S-Modelle: »Was VW-Fahrer beim VW 1200 seit zehn Jahren vergeblich träumen, ist beim VW 1500 schon nach zwei Jahren Wirklichkeit geworden: Es gibt eine serienmäßig schnelle Ausführung …«, begann ein Fahrbericht des »Spezial«-Modells mit dem auf 54 PS bei 4200/min erstarkten Boxer; das Volkswagenwerk hatte es geschafft, im engen und vollgestopften Motorabteil einen zweiten Vergaser unterzubringen. Die Höchstgeschwindigkeit stieg damit laut Werk auf 135 km/h, was eher untertrieben war: Im Test wurden auch schon mal 143 km/h gemessen. Den Sprint von 0–100 km/h absolvierten gut eingefahrene S-Modelle in 18,8 Sekunden. Zwei Jahre nach seinem Erscheinen wurde der dennoch nicht unumstrittene schnelle VW (der vielfach als Sport-VW missverstanden wurde) durch den 1600 TL abgelöst.

VW 1600

Nach der Ablösung des VW 1500 S mutierte der 1500 N zum 1500 A, dieser Typ wurde dann für das Modelljahr 1967 durch den VW 1600 A ergänzt und dann nach den Werksferien ganz durch diesen ersetzt. Der Unterschied zum Vorgängermodell beschränkte sich im Wesentlichen auf den Einsatz des bisher dem TL vorbehaltenen 1,6-Liter-Motors mit nur einem Vergaser bei unveränderter Leistung. Der zeitgleich präsentierte 1600 L hatte dann die TL-Ausstattung samt Zweivergaser-Motor mit 54 PS. Darüber hinaus war der Typ 3 nun optional auch mit Vollautomatik samt Drehmomentwandler und Planetengetriebe lieferbar. Die neue Option wurde in den USA so beliebt, dass Ende des Jahrzehnts zeitweise jeder vierte neue VW mit Automatikgetriebe vom Band rollte. Außerdem gab es serienmäßig für 1968 vorne und hinten getrennte Bremskreise und eine Sicherheitslenksäule.

VW 1600 TL

TL, »Tourenlimousine«, nannte VW den Nachfolger des 1500 S, der nach den Werksferien im Spätsommer 1965 vom Band rollte. Bundesdeutsche Käufer hatten nun erstmals die Gelegenheit, eine deutsche Fließheck-Limousine mit VW-Qualitäten zu erwerben. Die wichtigste technische Änderung bestand in der Einführung des neuen Motors mit 1584 Kubik. Die Motorleistung war mit 54 PS gleich geblieben, die Wolfsburger Techniker hatten die Verdichtung auf 7,7:1 zurückgenommen und das Drehmoment verstärkt: Im Endeffekt bot der TL mehr Kraft in unteren Drehzahlregionen. Außerdem ging der 1600er sparsamer mit dem Sprit um als der 1500 S, der überdies Super benötigte, während sich der TL mit Normalbenzin begnügte.

Die amerikanischen Umweltschutzgesetze führten dazu, dass bei den US-Modellen zum Herbst 1967 eine Einspritzanlage Bosch D-Jetronic an die Stelle der beiden Solex-Vergaser rückte. Ab Mai 1968 auch in der Bundesrepublik lieferbar, kostete das Einspritzsystem, dessen Rechner sich im Kofferraum befand, stolze 580 Mark Aufpreis. Ein Leistungszuwachs war damit aber nicht verbunden, ebenso wenig ein Minderverbrauch. War davon von außen nichts zu sehen, so galt das nicht für die Modellpflege für 1970: Die Typ-3-Familie erhielt einen um 120 mm längeren Vorderwagen, neue Dreikammer-Rückleuchten und große, eckige Blinkleuchten vorn. Auch im Heckbereich gab es einige Änderungen. Bereits im Jahr zuvor, 1969, hatten alle Fahrzeuge die Doppelgelenk-Hinterachse erhalten. 1971 kamen für den 1600er ein Vierspeichen-Lenkrad mit Pralltopf, 1972 neue Türverkleidungen, Sitzbeschläge und Bodenbeläge.

VW TYP 3

1970 bekam der 1600 TL ebenfalls den größeren vorderen Kofferraum und die stärkeren Stoßstangen. Und nach Änderungen an der Hutablage unter dem Heckfenster legte auch der hintere Gepäckraum etwas an Volumen zu. Ab August 1970 brannten die Hauptscheinwerfer nur bei eingeschalteter Zündung. Für die Anschaffung eines TL sprachen die Fertigungsqualität, der gute Federungskomfort, der relativ kultivierte Boxer und die moderaten Unterhaltskosten, dagegen allerdings die Tatsache, dass in der Mittelklasse inzwischen höhere Standards galten: In Optik, Platzangebot und Komfort war der Typ 3 veraltet, und der Boxermotor galt sowieso als vorgestrig. Im Juli 1973 lief die Produktion aus, alle Typ-3-Limousinen zusammen brachten es auf rund 1.380.000 Stück. Der 54-PS-TL kostete zuletzt DM 9030,–.

VW 1500 / 1600 Variant

Im Februar 1962 erschien die Kombi-Ausführung namens »Variant«, und das gleich in zwei Versionen, nämlich mit 375 kg und mit 460 kg Nutzlast. Im Fahrwerk waren beide gleich (und unterschieden sich kaum von der Limousine), der stärker belastete Variant verfügte allerdings an der Hinterachse über einen zusätzlichen Drehfederstab. Mit DM 6700,– kostete der Variant (intern: Typ 36) nur 300 Mark mehr als die Limousine, das für alle Modelle lieferbare Stahlkurbeldach kostete weitere vier Hunderter. Wie die Limousine gab es auch den Kombi ab dem Modelljahr 1964 in N- und S-Ausführung. Nur ein Viertürer, der fehlte nach wie vor in der Modellpalette. Ab August 1965 bot VW den Variant mit 1600er-Motor an und verlangte dafür mit 6980 nur 180 Mark mehr als zuvor, und das trotz der jetzt serienmäßigen vorderen Scheibenbremsen und – für 1967 – der Umstellung der Bordelektrik von sechs auf zwölf Volt. Auch als Kombi bot der Variant weder im Raumangebot noch in den Fahrleistungen gegenüber der Konkurrenz Vorteile, er war und blieb ein Nutzfahrzeug (und hieß in der Ausführung »Stadtlieferwagen« auch so). Bis zur Ablösung war der Kombi in aufgelasteter Ausführung mit der alten Pendelachse zu haben. Ein Muss angesichts der Straßenlage waren Gürtelreifen, für 173 Mark Aufpreis wurden sie gleich im Werk aufgezogen.

Den 1600 Variant bekam man 1968 ebenfalls wahlweise mit der Einspritzanlage der US-Exportfahrzeuge, auch die anderen Verbesserungen der Limousinen kamen dem Kombi zugute. Neben dem längeren Vorderwagen gehörten die Dreikammer-Rückleuchten (wobei die serienmäßigen Rückfahrscheinwerfer 30 Mark Extra kosteten) zu den Merkmalen dieses Jahrgangs. Volkswagen baute seinen Kombi bis Juli 1973 in 1.202.483 Exemplaren. Die kaum mehr gefragte 45-PS-Version (1600 A) des Variant kostete zum Schluss DM 8610,–, die 54-PS-Ausführung 845 Mark Aufpreis; nur diese Version war auch mit Getriebeautomatik zu haben, der Aufpreis lag bei 800 Mark. Die fast 500 Mark teure Einspritz-Elektronik lohnte sich dagegen absolut nicht, der VW war damit weder schneller noch merklich sparsamer.

Die 1971er Modelle hatten eine bessere Ausstattung und serienmäßige Rückfahrscheinwerfer, 1972 kamen dann Sitze mit Kopfstützen. (Foto: © Kuch)

Erst die Flachmotor-Bauweise ermöglichte die Produktion eines Kombis: »Noch mehr als in der Limousine kommen die Vorzüge des flachen Motors im Kombiwagen zur Geltung«, erklärten die Tester.

Die Limousine kostete zunächst 6400, der Variant 6700 Mark. Das Geld war gut angelegt. Leider aber hat VW den Variant nie als Viertürer angeboten. (Foto: © Kuch)

Die Bodengruppe des Typ 3: Wie der Käfer, so verfügte auch der Ponton-Volkswagen über einen Zentralrohr-Plattformrahmen mit 2400 mm Radstand. Daher waren auch die Spurweiten nahezu identisch. In der Vorderachs-Konstruktion fanden sich aber deutliche Unterschiede zum Käfer.

Den sportliche Ableitung des VW 1500/Typ 3 gab es auch als Cabriolet – allerdings nur für die IAA im September 1961. Der offene 2+2-Sitzer ging nicht in Serie.

VW TYP 34

Während seiner siebenjährigen Bauzeit wurde Typ 34 nur wenig verändert. 1963 erhielt er den 1500-S-Motor mit 54 PS, 1965 folgte der 1600er Motor. Ab 1968 gab es das Coupé auch mit Einspritzanlage.

Technisch entsprach der Karmann-Ghia Typ 34 weitgehend dem Typ 3. Die von Karmann produzierte Ganzstahl-Karosserie saß auf dem Zentralrohr-Plattformrahmen der Limousine, auch der Motor stammte vom VW 1500. Bei unveränderter Leistung lag die Höchstgeschwindigkeit bei 137 km/h, während die Limousine auf 130 km/h kam.

Karmann Ghia 1500

Den »großen« Karmann enthüllte Volkswagen auf der IAA 1961, zusammen mit den übrigen Mitgliedern der Typ-3-Familie. Der Entwurf stammte wieder von Ghia in Turin und war 1958 entstanden. Das Coupé trat viel energischer auf als der runde »Sekretärinnenporsche« Karmann Ghia 1200.

Der Typ 34 war breiter, länger und höher und mit einem Gewicht von 893 kg (900 kg beim 1600er) auch rund 80 kg schwerer als ein »kleiner« Karmann. Während letzterer mit einer (im Vergleich zum Käfer) breiteren Bodengruppe aufwarten konnte, steckte unter dem schicken Blechkleid des Typ 34 originale Typ-3-Technik. Die Auslieferung des Typ-3-Coupés erfolgte im März 1962, zunächst mit dem 45-PS-Motor, von August 1963 bis August 1965 auch als 140 km/h schneller 1500 S mit 54 PS: Wie gehabt entsprachen die technischen Merkmale denen der Limousinen. Das Coupé kostete bei seiner Einführung selbstbewusste DM 8900,–.

Karmann Ghia 1600

Nachdem der neue 1584-cm³-Motor bei der Typ-3-Familie zum Modelljahr 1966 eingeführt worden war, bestand die nächste wesentliche Modellpflege beim Coupé im August 1968 in der Einführung der Doppelgelenk-Hinterachse. Dazu kamen eine verbesserte Heizung, die verriegelbare Tankklappe und die serienmäßige Warnblinkanlage. Der Karmann Ghia 1600 L des letzten Baujahres war damit der bestausgestattete und kostete zum Schluss 9145 Mark. Ein Stahlschiebedach war für 750 Mark zu bekommen. Der »Große Karmann« galt als der fahraktivste Volkswagen, den es bis dahin gegeben hatte. Dank seiner schlanken Silhouette reagierte der Wagen wesentlich weniger empfindlich auf Seitenwind als der normale Typ 3. Kein Ruhmesblatt indes war der Verbrauch: Bei Volllast flossen gut 13 Liter Super durch die Vergaserschlünde. Rund 42.000 Typ 34 wurden bis 1969 gebaut. In den USA wurde der Wagen nie angeboten.

Karmann Ghia Cabriolet und 1600 TC

Der Karmann Ghia 1500/1600 war der erste Volkswagen, der nach nur achtjähriger Bauzeit wieder aus dem Programm genommen wurde, doch das 1961 gezeigte Cabriolet schaffte es noch nicht einmal in die Verkaufsräume: Schon vor Serienanlauf wurde es, ebenso wie das viersitzige Typ-3-Cabrio, eingestellt. Von 1961 bis 1963 wurden vermutlich nur 17 Einheiten gebaut. Mit einem anvisierten Verkaufspreis von DM 9500,– wäre der Zweisitzer das teuerste VW-Modell im Volkswagen-Programm gewesen, hätte aber – im Vergleich zum kleineren Ghia wie auch zum Käfer-Cabriolet – einige überzeugendere Detaillösungen aufgewiesen. So verschwand hier das zurückgeklappte Dach völlig hinter den Sitzen. Ein Einzelstück blieb auch der Karmann 1600 TC, ein Fließheck-Coupé, mit dem die Osnabrücker einmal mehr ihre Vielseitigkeit demonstrierten. Allerdings konnte sich Volkswagen auch in diesem Fall nicht zu einer Serienfertigung entschließen. Die Bezeichnung »TC« trug dann ein brasilianisches Karmann-Coupé.

Eigentlich schade: Das Karmann-Coupé 1600 TC ging nicht in Serie.

VW TYP 4

VW 411

Der VW 411 war Heinrich Nordhoffs Vermächtnis. Nur der luftgekühlte Boxermotor im Heck erinnerte an heilige VW-Traditionen. Dass dieser Volkswagen in einer Zeit erschien, in der die Wirtschaft eine Verschnaufpause einlegte, war nicht sein Fehler. Von der Auto- bis zur Baubranche, alle stöhnten 1967/68 unter der Krise – eine Folge der Mehrwertsteuer-Einführung und der D-Mark-Aufwertung, die zu einem Export-Rückgang führte. Außerdem wuchs der Anteil der ausländischen Autoanbieter, nachdem 1966 eine ganze Reihe von Zollschranken gefallen waren. In diesem wirtschaftlichen Umfeld erschien Volkswagens Typ 4, der lange erwartete »Große Volkswagen«. Leider wurde er nicht zu dem erwarteten Befreiungsschlag, er verstärkte vielmehr noch die Krise des Wolfsburger Riesen: »Vier Türen, elf Jahre zu spät«, dafür stehe die Bezeichnung »411«, monierten Kritiker, und dass die ersten Typ 4 nicht den solidesten Eindruck hinterließen, machte die Sache nicht besser: Nach Maßstäben des Volkswagenwerkes war der so völlig am Kundengeschmack vorbei entwickelte Typ 4 ein glatter Misserfolg, von ihm wurden nur etwas über 355.000 Stück gebaut.

Der Typ 4 war die erste »richtige« Limousine von VW: mit einer selbsttragenden Karosserie, McPherson-Federbeinen und Schraubenfedern statt der Drehstäbe und neuem 1,7-Liter-Motor, der auf dem Papier 68 PS leistete und damit auch gegenüber der Konkurrenz bestehen konnte. Die Limousine wie auch der spätere Variant verfügten über einen üppigen Kofferraum im langen Bug, der dem Typ 4 auch den Spitznamen »Nasenbär« bescherte. Theoretisch hatte er alle Zutaten, um eine erfolgreiche Familien-Limousine zu werden. In der Praxis war seine Optik zu unkonventionell und seine Konzeption zu wenig zeitgemäß, als dass er ein großer Erfolg hätte werden können.

Am 5. Oktober 1968 begann die Auslieferung der ersten Exemplare, der »Nasenbär« war knapp 4,60 m lang und hatte einen Radstand von 2500 mm: Dieser Volkswagen durfte mit Fug und Recht als Mittelklasselimousine gelten. Die Verkaufserfolge blieben dennoch weit hinter den Erwartungen zurück, größtes Manko war neben der Optik und der Tatsache, dass es nur zwei wenig populäre Karosserieoptionen gab, der wenig überzeugende und nur selten tatsächlich 68 PS starke 1,7-Liter-Vergasermotor. Nach noch nicht einmal einem Jahr wurde er erheblich überarbeitet und auf Bosch-Benzineinspritzung umgerüstet. Damit lag die Leistung des 411 E bei 80 PS, die Höchstgeschwindigkeit stieg laut Werk auf 155 km/h.

VW 412

Zum Modelljahr 1973 entschloss sich VW zu einer umfassenden Modellpflege. Bei der Gelegenheit spendierte das Werk auch eine neue Modellbezeichnung, die deutlich machen sollte, dass hier ein deutlich besserer Typ 4 entstanden war. Der VW 412 erhielt eine neu gestaltete Frontpartie, höher angesetzte Stoßfänger, neue Blink- und Heckleuchten sowie einen höherwertigen Innenraum. An der vermurksten Optik, die so gar nicht den Kundenerwartungen entsprach, änderte sich aber nichts. Sogar in den USA stand der Typ 4 wie Blei, obwohl für die Überarbeitung des Vorderwagens angeblich einer der bekanntesten amerikanischen Industriedesigner verantwortlich zeichnete: 1971 begann der Verkauf in Nordamerika, er endete im Juli 1974 nach rund 117.000 verkauften Exemplaren. Änderungen im Motorabteil gab es erst zum Modelljahr 1974: Anstelle des bisherigen 1,7-Liters standen in der Lieferliste nun zwei 1,8-Liter-Motoren mit 75 und 85 PS. In beiden Fällen handelte es sich wieder um Vergaser-Aggregate, die Einspritztechnik überforderte noch die meisten Werkstätten und hatte einen Mehrverbrauch von rund 1,5 Litern zur Folge. Auch der 85-PS-Motor genehmigte sich 13,5 Liter auf 100 Kilometer, die schwächere N-Maschine lag immer noch bei 12,8 Litern. Insgesamt war der kaum 160 km/h schnelle VW kein billiges Vergnügen. Der günstigste 412er in L-Ausstattung kam 1974 auf 10.995 Mark, der 412 LS auf 11.145 Mark. Zumindest in diesem Punkt war der VW einsame Spitze: Weder Ford noch Opel griffen ihren Kunden so tief in die Taschen. Im Juli 1974 verabschiedete sich der Typ 4 in Richtung Museum, seine Nachfolge trat der VW Passat an.

Typisch für den frühen VW 411 waren die ovalen Scheinwerfer. Diese waren von der nie in Serie gebauten Studie EA 142 von 1966 übernommen worden.

Nasenbär: Das Kofferraumvolumen im Typ 4 betrug nach Messungen einer deutschen Automobilzeitschrift 384 Liter, rund das Dreifache dessen, was in den Käferbug passte. (Foto: © Kuch)

Den VW 411 lieferte das Volkswagenwerk erstmals mit zwei und vier Türen. Keine Alternative dagegen gab es zum Heckmotor – was andererseits im Winterbetrieb Vorteile hatte.

Der VW 411 / Typ 4 war der erste Volkswagen-Personenwagen mit selbsttragender Karosserie. Seine neue Vorderachse mit Einzelradaufhängung an Querlenkern, Federbeinen und Stabilisator war sehr aufwendig. Außerdem verfügte er serienmäßig über Scheibenbremsen, obwohl er sie von seiner Leistung her nicht gebraucht hätte. Im Bild ein Typ 412, zusammen mit dem K 70, dem ersten VW mit Wasserkühlung und Frontmotor. (Foto: © Kuch)

Knapp ein Jahr nach der Präsentation des Typ 4 stellte VW den Kombi unter der Bezeichnung »Variant« vor. In L-Ausstattung, dazu mit Schiebedach und Automatikgetriebe, kostete er über 10.000 Mark.

Auch vom »Großen Volkswagen« gab es ein Karmann-Cabriolet, das aber nie über das Prototypen-Stadium hinaus kam.

Die meisten Buggy-Entwürfe waren nicht so alltagstauglich wie die von Apal. Es gab die belgischen Kits mit zwei Radständen, beim langen konnte das Käfer-Gestühl weiterverwendet werden.

Der 1971er Karmann-GF-Buggy geht auf das VW-Blatt »Gute Fahrt« zurück, das einen Buggy entwickelte. Die Nachfrage war so groß, dass die Produktion schließlich in Osnabrück abgewickelt werden musste.

Das Volkswagenwerk zeigte im September 2011 den »Buggy up!« als Spielart des neuen Kleinwagens. Dabei mussten natürlich die Altvorderen mit auf´s Bild, der GF-Buggy ebenso wie der Apal. Die Karosserie bestand aber nicht aus Fiberglas, sondern aus Leichtmetall. Es blieb bei diesem Concept Car.

Erfunden hat den Buggy der Kalifornier Bruce Meyers, der ein Auto suchte, um damit – er war Surfer – leicht und schnell über die Strände zu düsen. Dafür kürzte er die VW-Bodenplatte und setzte darauf eine eigene Kunststoffkarosse: So entstand der »Meyers Manx«.

Buggys entwickelten sich zu einem weltweiten Phänomen. Doch als auf der RAI 1981 dieser Ruska stand, war die Buggy-Welle längst schon abgeflaut. In Deutschland waren Neufahrzeuge praktisch nicht mehr zulassungsfähig. (Foto: © Anefo / CC0)

Der Country Buggy der VW Australasia wurde zwischen 1967 und 1969 gebaut. Knapp 2000 Exemplare entstanden, die Karosserie bestand aus Blech. (Foto: © Ferenghi, cc-by-sa 3.0)

siver Überrollschutz – vorgenommen hatte. Die Lizenz dieses Fahrzeugs wiederum übernahm dann Apal (und taufte es »Jet«), während der englische Lizenznehmer die Au-Ki-Lizenz erwarb und diesen im Gegenzug als »Renegade T« in Großbritannien verkaufte. Apal ließ die Fertigung des Jet 1973 auslaufen, ein Exemplar wird, toprestauriert, von Volkswagen mitunter bei Oldtimer-Veranstaltungen vorgeführt. Zwischen 1968 und 1973 entstanden rund 5000 Apal-Buggys.

HAZ/Hazard

Zu den Pionieren auf dem Buggy-Markt gehörte das Autohaus Rudolf Kühn, Hamburg, das im Spätjahr 1968 den ersten Buggy mit deutscher Straßenzulassung auf die Räder stellte. Die Basis dafür bildete der Deserter, der 1967 für die amerikanischen SCCA-Rennen entworfen worden war. Das Konzept behielten die Hamburger bei, verfeinerten es aber und legten es, so war zu vernehmen, stabiler aus. Den HAZ gab es als Bausatz wie auch als Komplettfahrzeug, wobei Kühn – der in den Folgejahren mehrfach umfirmierte – die Aufbauten bei der Schiffswerft Blohm und Voss fertigen ließ. Der Bausatz kostete je nach Ausbaustufe zwischen 2500 und 5000 Mark, auch Fertigfahrzeuge waren zu erhalten, die 1969 für gut 8000 Mark vor allem an Jäger verkauft wurden. Mit Zubehör wie Radio, GFK-Hardtop, Standheizung und weiteren Features erreichte der Preis dann fünfstellige Regionen. Mitte 1969 hatte Kühne bereits 20 HAZ im Großraum Hamburg verkauft, geplant war ein Serie von 100 Fahrzeugen; dazu scheint es aber nicht gekommen zu sein. Zwischen 1976 und 1983 boten die Hamburger den viersitzigen Deserter GT als Hazard-Buggy an, wobei der Bausatz 1984 mit dem 50-PS-Motor unverpackt für DM 4110,– zu haben war.

Karmann GF

Auf Basis eines für 600 Mark erstandenen Käfers, gezeichnet von einem Studenten der KFZ-Technik im vierten Semester und gebaut von einer Firma für Silotechnik, entstand im Mai 1969 auf Initiative der Zeitschrift Gute Fahrt der erste deutsche Buggy, der »GF Buggy« (der zunächst als »Floh« bezeichnet wurde). Nachdem Volkswagen der um 360 mm verkürzten Typ-1-Bodengruppe die Freigabe erteilt hatte und die Redaktion von Bestellungen förmlich überschwemmt wurde, stellte man das Buggy-Projekt auf solide Beine und fand mit der Firma Karmann einen Partner, der im Fahrzeugbau Erfahrung hatte. Damit stand einer Bausatzproduktion nichts mehr im Wege. Das Volkswagenwerk unterstützte das Projekt durch die Herausgabe einer Werkstattanweisung zur fachgerechten Kürzung der Bodengruppe. Der Bausatz wurde für DM 2950,– verkauft, ein brauchbarer Teileträger verschlang weitere 2000 Mark; Karmann bot den GF auf Bestellung (zum doppelten Preis) auch als Komplettfahrzeug an. 1200 Kits wurden hergestellt.

VW Country Buggy

Kein Dune Buggy und auch kein amerikanischer Entwurf, war der VW Country Buggy der einzige Buggy, den Volkswagen offiziell im Angebot hatte – wenn auch nur im asiatisch-pazifischen Raum. Der Entwurf entstand als Typ 197 bei der Volkswagen Australasia Ltd. im australischen VW-Werk Clayton; als möglichen Abnehmer hatte man die australische Armee im Visier. Anfang 1965 war der Prototyp fertig, entstanden in enger Abstimmung mit der Abteilung Technische Evaluation in Wolfsburg. Nach einem 50.000-km-Test und einigen Änderungen – so wurden die Käfer-Achsen gegen solche des Typs 2/T1 ausgetauscht – ging der ziemlich provisorisch wirkende Schlechtwege-Buggy 1968 in den Verkauf. Im Zuge der Umstrukturierungen bei der australischen VW-Tochter wurde noch nicht einmal ein Jahr nach Serienanlauf beschlossen, die Produktion auslaufen zu lassen, zumal die Armee keine Bestellungen platzierte. Die Fertigung endete 1969; 1956 Stück wurden insgesamt gebaut. 887 blieben in Australien, der Rest ging in den Export, vor allem auf die Philippen, wo er als »Sakbayan« vermarktet wurde. Zwei Exemplare erreichten angeblich auch Wolfsburg, sie sollen die Entwicklung des VW Typ 181 beeinflusst haben.

WASSERGEKÜHLTE VOLKSWAGEN

Vor einem halben Jahrhundert stand Volkswagen mit dem Rücken zur Wand, denn Käfer und Konsorten waren nicht mehr zeitgemäß. Nachfolger mussten her, und tatsächlich entstand gleich eine ganze neue Modellfamilie – Golf, Scirocco, Passat und Polo. Selbst der Aufstieg in die Oberklasse wurde zum Thema. Und die Zeit drängte, denn es gab viele Optionen: Boxer- oder Reihenmotor, und wo sollten die eingebaut werden: Vorn, mittig oder hinten, quer oder längs? Und sollten die Vorderräder, die Hinterräder oder doch beide Achsen angetrieben werden? Auch über die Auslegung der Karosserien und die erforderlichen Varianten hat man heiß diskutiert, und es gab viele Skeptiker, die den Untergang der Marke für möglich hielten. Wie wir alle wissen, ist genau das Gegenteil eingetreten, und dieses Kapitel zeigt, mit welchen Modellen dies gelang.

Volkswagen Classic
2019
Golf VIII 2.0 TDI

VW LUPO, FOX UND UP!

Lupo (Typ 6X1, 6E)

Dass Volkswagen an einem Kleinwagen unterhalb des Polo arbeitete, vermeldete die Fachpresse schon 1996. Ebenso war klar, dass der Baby-VW – Werks-Bezeichnung EA 420 – auf einer verkürzten Polo-Plattform gebaut werden würde. Auch das Fahrwerk stammte, entsprechend modifiziert, vom größeren Bruder. Der 3,53 m lange Kleinwagen war baugleich mit dem Seat Arosa und unterschied sich von diesem lediglich in der Frontgestaltung, in der Innenausstattung und im Preis: Der Lupo war mit DM 17.990,– um rund 1500 Mark teurer als der Arosa. Das Basismodell verfügte über einen neu entwickelten 1,0-l-Voll-Alumotor mit 37 kW / 50 PS, Top-Motorisierung bildete der 1,4-l-Alumotor mit 55 kW / 75 PS. Der Lupo war Wolfsburgs erster Kleinwagen mit vollverzinkter Karosserie und einer Zwölfjahres-Garantie gegen Durchrostung. Im November 2000 brachte Volkswagen mit dem Lupo FSI den ersten deutschen Benzindirekteinspritzer auf den Markt und einen 220 km/h schnellen Lupo GTI mit dem aus dem Polo GTI bekannten Triebwerk.

Auf dem Pariser Salon im Spätjahr 1998 präsentierte Volkswagen den 3-Liter-Lupo, das sparsamste und damit umweltfreundlichste Auto des Konzerns. Herzstück des Sparweltmeisters bildete ein neuer 1,2-l-Vollalu-TDI mit fortschrittlicher Pumpe-Düse-Einspritzung. Die Auslieferung der ersten Lupo-TDI erfolgte im Sommer 1999, er kostete DM 27.382,–, war aber zu teuer, um erfolgreich zu sein. Zahlreiche der hier zu findenden Features fanden sich dann später in den BlueMotion-Modellen.

Fox (Typ 5Z)

Nach der Produktionseinstellung des Lupo hofften Fans wie Händler auf einen adäquaten Ersatz. Stattdessen bekamen sie den in Brasilien gebauten Fox. Und der litt alsbald unter der Staupe: Viele kleine Mängel, eine Verarbeitung, die nicht das übliche VW-Niveau erreichte, Schäden am 1,2-Liter-Basismotor (ein Dreizylinder mit 55, später 60 PS), eine Elektronik mit vielen Mucken – »Gebrauchter des Grauens« titelte ein TÜV-Report und riet zum Kauf eines gebrauchten Polo. Diese harsche Kritik war umso überraschender, als der Fox von der Papierform her gar nicht so schlecht dastand: Den Dreitürer gab es mit drei Motoren (darunter ein TDI), zehn Lackierungen und drei Interieur-Dessins. ESP, Seitenairbags und Servolenkung kosteten aber zunächst extra. VW verdiente wegen des Wechselkurses angeblich an keinem Fox Geld, und auch die Fuchs-Halter wurden meist nicht recht glücklich. Die Ablösung durch den Up! war für alle eine Erlösung.

up! (Typ AA)

Das ungewöhnlichste am up! (nur echt mit »!« hinter dem »up«) war sein Name: Hipp und cool wollte er sein, und nichts mehr sollte an den murkeligen Fox erinnern. Tat es auch nicht, der »viersitzige Cityspezialist mit Charisma und großem Potenzial«, so VW zur Vorstellung im September 2011, bot auf 3,54 m Länge Raum für vier Personen (und 250 l Gepäck). Das Fahrwerk war komplett neu, der Wendekreis mit 9,8 m im Innenstadtgewusel ein echtes Plus. Für artgerechte Fortbewegung sorgten zwei Dreizylinder-Benziner mit 60 und 75 PS, dazu kam ein 68-PS-Erdgasmotor. Zeitgemäße Sparsamkeit war versprochen – im Idealfall sollten nicht mehr als 4,2 l / 100 km aus dem 35-Liter-Tank abfließen –, und zeitgemäße Sicherheit sowieso, wobei optional eine automatische City-Notbremsfunktion zur Verfügung stand. Je nach Budget und Bedarf gab es drei Ausstattungsversionen – »take up!«, »move up!« und »high up!« –, weitere wie der rustikale »cross up!« und – ab 2013 – die Elektroausführung »e-up!« folgten. Die Preisliste begann bei 9850 Euro. Das Facelift für 2017 – Auslieferung nach den Werksferien 2016 – bescherte dem up! Modifikationen an Front und Heck, eine wertigere (und bessere) Ausstattung, etwas niedrigere Preise und einen neuen 1,0-Liter-TSI-Dreizylinder mit 90 PS. Damit war eine Höchstgeschwindigkeit von 185 km/h möglich.

Zwerg Rase: Beim Lupo GTI trafen 125 PS Motorleistung auf kaum 1000 kg Gewicht, das garantierte fulminante Fahrleistungen. Mit über 33.000 Mark war er arg teuer und wurde nur 6400 Mal gebaut.

In knapp sieben Jahren verkaufte sich der Lupo rund eine halbe Million Mal. Es gab ihn mit acht Motoren, aber stets nur zweitürig. Die Palette reichte vom spaßbefreiten Einliter-50-PS-Benziner über den ökologisch korrekten 3L TDI (Bild) bis hin zum krawalligen GTI.

Mit dem aus Brasilien importierten Fox wollte Volkswagen den Lupo ersetzen. Er war günstiger, aber für das, was er bot, auf Dauer immer noch zu teuer. Jeder Gebrauchtwagentest geriet zum Desaster.

Der 2011 präsentierte up! machte die miese Vorstellung des Fox vergessen. Der City-Flitzer mit einer Außenlänge von 3,54 Meter überzeugte auf Anhieb. 2016 kam es zu einer ersten Modellpflege. Die brachte LED-Tagfahrlicht, Chrom im Kühler und viele neue Farben, auch für das Dach.

Der cross up! (2013-2015) war die optisch zum Geländewagen erklärte Version des Kleinstwagens. Der Fünftürer hatte 15 mm mehr Bodenfreiheit und 75 PS.

»Im Rahmen der bescheidenen Möglichkeiten gelang den Konstrukteuren ein betont kultivierter Kleinwagen mit einem Fahrkomfort, der andere Modelle … zu lärmenden Hoppelkisten degradiert«, lobten die Tester von Auto Bild.

VW POLO

Polo I (Typ 86)

Bis auf wenige Ausnahmen baugleich mit dem Audi 50 und sechs Monate nach diesem im März 1975 vorgestellt, war der Polo mit knapp 900 cm3 Hubraum der bislang kleinste Volkswagen. Wie beim Golf saß der Vierzylinder quer vor der Vorderachse, einer Federbeinachse mit spurstabilisierendem negativen Lenkrollradius. Hinten kam eine spurführende Verbundlenkerachse zum Einsatz. Der neu konstruierte Frontmotor Typ 801 war – wie auch der größere 827er-Golf-Motor – eine Audi-Entwicklung. Er verhalf dem Polo zu ordentlichen Fahrleistungen, galt als sehr kultiviert und sparsam. Der kleine Zweitürer war zunächst sehr karg ausgestattet. Viel beliebter als der Basis-Polo wurde die etwas besser ausgestattete L-Version, die mit 8000 Mark rund 500 Mark teurer war, aber ein Beifahrertürschloss, eine klappbare Rücksitzbank, die Gepäckraumabdeckung und Zierleisten an Bord hatte. Neben dem 900er-Motor gab es den Polo ab August 1976 auch mit dem 1,1-Liter-Motor aus dem Audi 50; überdies verbesserte VW bei allen Modellen die Ausrüstung. Als neue Ausstattungsmöglichkeit kam die GL-Variante dazu, und diese, in Verbindung mit dem größeren Motor, ergab das 150 km/h schnelle Topmodell Polo GLS mit Chromleisten, Tageskilometerzähler, Zeituhr und weiteren sinnvollen Annehmlichkeiten. Mit DM 10.010,– war dies der teuerste Polo. Zum Modelljahr 1978 ersetzte VW den 1,1-Liter-60-PS durch einen gleichstarken 1,3 Liter, der Normalbenzin vertrug, das Facelift im Jahr darauf brachte eine neue Frontpartie mit wuchtigeren Stoßfängern. Das Armaturenbrett sah jetzt gefälliger aus, es gab Leuchtdioden-Anzeigen sowie ein wirkungsvolleres Heiz- und Lüftungsgebläse, ebenso eine elektrische Scheibenwaschanlage. Die Preise rangierten von DM 9400,– bis DM 11.690,–.

Zum Modelljahr 1980 rundete der Polo GT das Angebot nach oben ab. Polo-Sonderserien hatte es bereits seit 1976 gegeben, damals waren es die Jeans-Polos gewesen, die der Reihe ein jugendlicheres Image verleihen sollten. Kennzeichen der in Rot lackierten GT-Modelle: Felgen in der Größe 4 J x 13, Halogen-Scheinwerfer, Frontspoiler, seitliche Dekorstreifen mit GT-Schriftzug sowie den ansonsten nur gegen Aufpreis erhältlichen Heckscheibenwischer. Abgesehen von diesen Features handelte es sich beim GT um einen normalen Polo mit allen Vorzügen wie Handlichkeit, Fahreigenschaften, Verarbeitung, welche diese Baureihe zum beliebtesten Kleinwagen auf dem Markt gemacht hatten. Bis zur Ablösung hatte Volkswagen über 700.000 Wagen verkauft. Den für DM 12.325,– angebotenen Polo GT gab es ausschließlich mit dem im oberen Drehzahlbereich vergleichsweise lauten 1,3-Liter-Motor.

Polo II (Typ 86C)

Die nächste Polo-Generation wurde im August 1981 auf Sardinien vorgestellt. Es blieb beim bewährten und zwischenzeitlich überarbeiteten Fahrwerk, doch die Karosserie war völlig neu, ohne rostanfällige, verklebte Blechfalze und mit eigenständigem Design. Dieser Polo war eine zweitürige Steilheck-Limousine mit großer Heckklappe und noch größerem Kofferraum geworden: Ein Umklappen der Rückbank erweiterte das Kofferraumvolumen von 265 auf 645 Liter; wer den Polo bis unter das Dach belud, brachte gar 1000 Liter unter. Der Basis-Polo trug jetzt einen neuen 1,05-Liter-Motor, leistete aber zunächst wie der abgelöste 900er-Motor 40 PS. Darüber hinaus wurde der Polo mit den 50 und 60 PS starken 1,1- und 1,3-Liter-Vierzylindern angeboten. Allerdings kostete schon der Basis-Polo (»C«) satte DM 11.790,–, ein 60-PS-GL kam auf DM 14.165,–. Ein besonders interessantes Modell war der Polo Formel E, auch ein Diesel-Polo war später lieferbar. Die zweite Polo-Variante war ein Coupé mit Schrägheck und angedeutetem Heckspoiler in der hinteren Dachkante, das zum September 1982 die Polo-Familie ergänzte. Am meisten Spaß bereitete das Coupé mit dem neu entwickelten 1,3-Liter-75-PS-Motor. Der Kritik an den hohen Einstandspreisen begegnete Volkswagen zum Modelljahr 1985 mit dem Polo Fox, einem poppigen Spar-Mobil. In

Das Facelift 1979 brachte wuchtigere Stoßfänger und einen 1300er Motor, der selbst im Spitzenmodell GT lediglich 60 PS leistete.

Als weitere Karosserievariante erschien zum Modelljahr 1983 das Polo Coupé. Ab Mai 1986 war es in der Basis-Ausstattung Fox lieferbar. Der 1,05-Liter-Basismotor leistete hier 33 kW / 45 PS.

Nach Produktionsstopp des Audi erbte der Polo dessen 1,1-Liter-Motor mit 60 PS, dazu kamen die neuen Ausstattungslinien GL und GLS.

Im Oktober 1981 folgte die zweite Polo-Generation. Die zweitürige Steilheck-Limousine mit Heckklappe ging als C, CL und GL an den Start, die Spar-Variante Fox kam 1985.

Der Treser »Open Air« feierte auf der IAA 1991 Premiere. Die ausgeklügelte Verdeck-Konstruktion ermöglichte, ihn mit Hardtop, als Targa oder als Vollcabriolet zu fahren. Die Umbaukosten lagen bei rund 17.000 D-Mark. (Foto: © Kittler)

Der Polo war eigentlich ein leicht retuschierter Audi 50. Der war am 26. Oktober 1974 erschienen. Ein Jahr später kam der Polo, der magerer ausgestattet war als der Audi und einen 0,9-Liter-Motor mit 40 PS hatte. Immerhin: In Sachen Lackierung war die Auswahl reichlich, es gab neun Außenfarben.

Der Polo GT G 40 erschien im Mai 1987, ursprünglich als eine limitierte Sonderserie mit mechanisch angetriebenem G-Lader und einer Leistung von 115 PS. Es gab ihn auch nach dem Facelift weiter, dann mit G-Kat und 112 PS. Dazu kamen ein um 20 mm tiefer gelegtes Fahrwerk, straffere Federn – und sensationell gute Bremsen.

Mit dem Polo III vom August 1994 gelang Volkswagen ein großer Schritt nach vorne: Der Kleinwagen wurde größer, hochwertiger und moderner. Außerdem gab es ihn nun erstmals auch mit vier Türen, während das Coupé entfiel.

Zur Motorenpalette gesellten sich ein 75 PS starker 1.6-Liter sowie ab 1996 ein 1.4-Liter-16V-Motor mit 100 PS. Anfang 1995 folgte der 1.9 Liter-Wirbelkammer-Diesel mit 64 PS, im März 1996 ein 1.7-Liter-Saugdiesel mit 60 PS und zum Jahresende ein neuer 1.0-Liter-Vollalu-Motor. Neu waren auch der Kombi und die Limousine, beide Seat-Ibiza-Klone.

In limitierter Auflage folgte 1996 der Polo Harlekin (45 bis 75 PS) mit unterschiedlich lackierten Karosserieteilen (blau, rot, gelb, grün) – der Farbmix selbst erfolgte zufällig.

VW POLO

Im September 1990 debütierte der stark überarbeitete Polo A01 (Typ 86), der einen Großteil der Baugruppen des bisherigen Modells nutzte. Äußerlich unterschied er sich von seinem Vorgänger durch ein neues Heck und eine neue Front.

der Folgezeit erschienen zahlreiche Sondermodelle wie etwa der Polo »Boulevard«, »Fancy«, »Movie« oder der Polo »SP«. Für das Modelljahr 1988 bekam der Polo 1.3 dann eine Einspritzanlage samt Lambdasonde, erstmals gab es den Kleinwagen nun mit geregeltem Kat. Anfang 1990 waren bereits alle Polo-Benziner auf den G-Kat umgestellt. Selbst der 1,05-Liter-Motor des Fox besaß nun eine Singlepoint-Einspritzung und einen geregelten Katalysator. Den G40 gab es nur als Coupé, den Fox nur als Limousine.

Nach rund 2,8 Millionen produzierten Fahrzeugen renovierte Volkswagen den Polo zum Modelljahr 1991, zu erkennen an den neuen großen Rechteck-Scheinwerfern und den auffallend großen Front- und Heck-Stoßfängern. Verbesserungen gab es auch am Fahrwerk: Härtere Federn vorn, weichere an der Hinterachse sowie neue Räder komplettierten die Feinarbeit, die den Federungs- und Abrollkomfort deutlich steigerten. Das Einsteigermodell bildete nach wie vor die 1043-cm3-Version; Topmodell war das ab Frühjahr 1991 lieferbare Coupé mit G-Lader und 113-PS-Kat-Motor. Mit einer Spitze von über 190 km/h und einer exklusiven Ausstattung trat der Flitzer die Nachfolge des Ur-GTI von 1976 an. Von außen zu erkennen war der Polo G40 an der um 25 mm tiefer gelegten Karosserie, den Kotflügelverbreiterungen, den 5,5-Zoll-BBS-LM-Rädern mit 175er-Reifen und der Dachantenne.

Polo III (Typ 6N/6N2)

Ab Oktober 1994 lief der Polo der dritten Generation vom Band. Es gab ihn erstmals auch als Viertürer, womit er noch näher an den Golf heranrückte. Zur Wahl standen drei Vierzylinder-Ottomotoren von 1,05 bis 1,6 Liter Hubraum; der G-Lader-Motor wurde nicht mehr angeboten, ebenso wie auch das Coupé gestrichen wurde. Der rundum neue Polo kostete in der Grundausführung Fox DM 18.295,– und wurde auf Anhieb ein Erfolg. Maßstäbe setzte der Polo in Sachen Raumökonomie. Die breitere und höhere Karosserie gab innen deutlich mehr Ellbogen- und Kopffreiheit, überdies hatte der Polo einen um 71 mm vergrößerten Radstand. Die Außenlänge war dennoch um 50 mm verringert. Fahrer- und Beifahrer-Airbag gab es zunächst gegen Aufpreis; serienmäßig waren dagegen das Fünfgang-Schaltgetriebe, die Wegfahrsperre sowie das neue Fahrwerk mit 13-Zoll-Rädern und neuen Radaufhängungen. Neben dem zwei- bzw. viertürigen Kurzheck-Polo stellte der Polo Classic die kompakte Stufenheck-Ausführung dar. Der Wagen hatte Ähnlichkeit mit dem Seat Cordoba und entstand auch auf gleicher Plattform in dem spanischen VW-Tochterbetrieb. Die geräumige Karosserie bot durch ihre größere Aufbaulänge 200 Liter mehr Ladevolumen im Kofferraum; noch geräumiger war der im August 1997 lancierte Polo Variant als Parallelmodell zum Seat Cordoba Kombi. Der Fünfsitzer bot ein Kofferraumvolumen von 390 Litern, legte man die asymmetrisch teilbare Rücksitzbank um, fasste das Gepäckabteil bis zu 1250 Liter. Bis zu 460 kg durften zugeladen werden. Die Antriebsquellen stammten aus dem VW-Regal und wurden in den nächsten Jahren stetig erneuert.

Zur IAA 1999 unterzog Volkswagen seinen Kleinwagen-Bestseller einer großen Modellpflege. Die geriet so umfangreich, dass das Unternehmen von einer »neuen Generation« sprach, was dann aber doch etwas übertrieben war, denn Karosserie und Fahrwerk stammten vom Vorgänger. Dafür gab es eine ganze Anzahl neuer Features, neue Motoren, eine bessere Ausstattung – etwa mit Airbags – und einen vollverzinkten Aufbau mit zwölfjähriger Garantie gegen Durchrostung.

Im September 1998 krönte Volkswagen die Polo-Palette mit dem neuen GTI (Typ 6N2). Sein 1,6-Liter-16V-Motor leistete 120 PS und katapultierte ihn in 9,1 s zur 100 km/h-Marke. Limitiert auf 3000 Exemplare, schaffte der »Wilde Hund« aus dem Hause Volkswagen eine Spitze von rund 200 km/h. Dabei trat er mit einer gehörigen Portion Understatement auf, von außen verriet so gut wie nichts den feurigsten aller Polos: Schriftzug am Kühlergrill und feuerrote Bremssättel – der bislang stärkste Serien-Polo liebte es bescheiden. Im Zuge der Modellpflege erstarkte der GTI 1999 auf 125 PS.

»VW Polo: der bessere Golf?«, fragten sich Kunden wie Presse, und auch der 1998 lancierte und 125 PS starke Polo GTI musste sich nicht hinter dem großen Bruder verstecken.

VW POLO

Polo IV (Typ 9N)

Die vierte Auflage des Klassikers debütierte auf der IAA 2001 und hatte Golf-Niveau, zumindest das des Zweier-Golfs, denn mit einer Länge von 3,90 m und einer Breite von 1,65 m entsprach er – Radstand 2,46 m – ziemlich exakt dem noch reichlich auf der Straße anzutreffenden Bestseller von ehedem. VWs Beitrag zur A-Null-Klasse – den Kleinwagen bis vier Metern Länge – basierte auf der PQ24-Plattform, wie sie der im Vorjahr präsentierte Skoda Fabia zeigte. Die neue Verbundlenker-Hinterachse mit getrennter Unterbringung von Dämpfern und Federn sowie die neue Federbein-Vorderachse mit dreiteiligem Hilfsrahmen lieferte den passenden Unterbau, der darauf gestülpte »Hut« (so die interne Bezeichnung für den Aufbau) hatte als neues Designmerkmal Rundscheinwerfer im Lupo-Stil, tatsächlich sollten nach dem Willen der Planer künftig alle Kleinwagen der Marke ein Vieraugen-Gesicht tragen. Während die Kombi-Variante entfiel, war die auch in Brasilien und Shanghai gebaute Stufenheckausführung »Polo Classic« hierzulande 2003/04 kurzzeitig zu haben. Das Motorenangebot umfasste zunächst fünf Benzin- und drei Dieselmotoren. Besonders interessant waren die neuen 1,2-Liter-Dreizylinder aus Aluminium.

Die Dreizylinder gab es mit zwei oder vier Ventilen pro Zylinder und 54 bzw. 63 PS; Topmodell unter den Benzinern war der 1,4-Liter-Direkteinspritzer FSI mit 86 PS. Alle Benziner erfüllten die Euro-4-Norm, wobei die Aluminium-Motoren dazu neigten, bei tiefen Minustemperaturen zu platzen. Später wurden entsprechende Heizelemente nachgerüstet, dann war das Thema erledigt. In der Junior-Rallye-WM setzte Volkswagen Motorsport 2003 zwei Polo Super 1600 ein, die aus dem 1,6-Liter-Vierzylinder 215 PS schöpften. Anders als beim Polo V WRC gab es davon aber keine Homologationsmodelle zu kaufen. Die TDI-Polo mit Pumpe-Düse-Einspritzung dagegen schon, sofern der Käufer geneigt war, die üppigen Aufpreise zu akzeptieren, doch eine klare Kaufempfehlung verdienten sie nicht: Sie waren wartungsintensiv durch teure Zahnriemenwechsel und litten gerne unter defekten Turboladern. Basis-Diesel war der ältere 1,9-Liter-SDI. Einen 130-PS-TDI gab es später auch. Sehr populär wurde der auf SUV getrimmte Polo Fun, den es nur als Viertürer und stets mit Dachreling gab.

Als Handicap entpuppte sich die Optik, die optische Nähe zum Lupo war zu groß. Im März 2005, zur Mitte des Lebenszyklus, verabschiedete sich Volkswagen wieder vom Kulleraugen-Design und formte einen neuen Scheinwerfer, der der Polo-Front zu einem Hauch von Passat verhalf und einige Millimeterchen mehr Außenlänge brachte. Zur neuen Optik kamen eine nettere Möblierung und eine bessere Ausstattung mit Front- und Seitenairbags sowie – motorabhängig – serienmäßigem ESP. Bei der Gelegenheit wurde die arg karge Basisausstattung gestrichen, los ging's jetzt als »Trendline«. An Motoren gab es fünf Benziner mit 55 bis 100 PS; die TDI-Palette war neu gemischt worden und umfasste jetzt im Wesentlichen einen 1,4-Liter-Dreizylinder in zwei Leistungsstufen. Der Fun mutierte zum Cross, und für investitionsbereite Sparfüchse gab es zum Modelljahr 2007 den BlueMotion.

Polo V (Typ 6R)

Kleines Auto, aber Platz wie ein Großer – die Anforderungen an einen Kleinwagen hatten sich seit der Einführung der ersten Generation 1975 gewaltig verändert: Der Polo des Jahres 2009 konnte sich in Sachen Raumangebot und Außenabmessungen mit einem Golf III messen, stellte diesen aber in Ausstattungsumfang, Sicherheit und Fahreigenschaften klar in den Schatten. Mit einer Länge von 3970 mm (+54 mm gegenüber dem Vorgänger) und 1682 mm Breite (+32 mm) war der Polo mit der internen Typbezeichnung 6R ein vollwertiger Fünfsitzer. Das Kofferabteil schluckte, je nach Sitzkonfiguration und Ladehöhe, 280 bis 952 Liter. Den Fahreigenschaften zugute kam das komplett neue Fahrwerk mit McPherson-Vorderachse, Verbundlenker-Hinterachse, längerem Radstand und gewachsener Spurbreite. Optisch gehörte der zunächst als Fünftürer angebotene Polo zweifels-

Die vierte Polo-Generation verfügte über eine komplett neue Karosseriestruktur. Von Anfang als Zwei- und Viertürer lieferbar, erfolgte die Markteinführung im November 2001.

Neben dem GTI gab es 2006 auch die 132 kW / 180 PS starke »Cup Edition« mit Anleihen an die im Polo Cup eingesetzten Renner. Ihre Höchstgeschwindigkeit lag bei 225 km/h.

Die fünfte Polo-Generation rollte 2009 in die Schauräume der Händler.

Der fünftürige Polo Fun machte mit Höherlegung und robusten Stoßleisten einen auf SUV. 17-Zoll-Leichtmetallräder, Niederquerschnittsreifen und eine Dachreling brachte der Stadtindianer serienmäßig mit.

Das Kulleraugen-Gesicht im Lupo-Design täuschte: Mit einer Gesamtlänge von 3,90 m war der Polo IV so groß wie einst der Golf II. Innen war er sogar geräumiger.

Basis-Motorisierung bildete ein völlig neuer Dreizylinder-Benziner mit 1,2 Liter Hubraum und 55 PS. Dieser Motor, als Vierventiler, leistete dann 65 PS. Darüber angesiedelt war der 1.4 FSI mit 63 kW / 86 PS. Dazu kamen beim Polo IV drei 1.9-Liter-Diesel – Pumpe-Düse 47 kW / 64 PS –, zwei TDI mit 74 kW / 100 PS und 67 kW / 130 PS sowie ein 1.4 TDI mit 75 PS. Nach dem Facelift von 2005 erschien schließlich der Polo GTI mit 110 kW / 150 PS.

VW POLO

ohne zur neuen VW-Generation, denn er trug das neue, von Designchef Walter de Silva vorgegebene Volkswagen-Familiengesicht und nahm den Golf VII von 2012 vorweg. Zur IAA 2009 ergänzte Volkswagen die Polo-Familie um den Dreitürer, das neue Basismodell kostete mindestens 12.150 Euro.
Der neue Polo galt gemeinhin als großartiger Wurf, er bescherte Volkswagen den begehrten Titel »World Car of the Year 2010«. Debütiert hatte er mit sieben zum Teil brandneuen Motoren – vier Benzinern, drei Dieseln –, die Kraftübertragung erfolgte manuell über fünf oder sechs Gänge und optional per Siebengang-DSG. Die Benziner, zwei Drei- und zwei Vierzylinder, leisteten zwischen 60 und 105 PS, die Common-Rail-Turbodiesel hatten 75, 90 und 105 PS, auf Basis der 90-PS-Variante kam später im Jahr die BlueMotion-Technology-Version. Je nach Ausstattung – Trendline, Comfortline und Highline – gabs den Polo mit zwei unterschiedlichen Scheinwerfersystemen; teilweise gegen Aufpreis stand außerdem die gesamte Palette der Fahrdynamik-Regelsysteme zur Verfügung.
Am 4. Februar 2010 rollte im indischen Volkswagen-Werk Pune der weltweit 11.111.111. produzierte Polo vom Band, und um die Nachfrage nicht abreißen zu lassen, baute Volkswagen die Polo-Familie in den folgenden Jahren zügig aus: Auf dem Genfer Salon 2010 wurde der Polo GTI gezeigt (1,4-Liter-TSI, 180 PS, 229 km/h), im Mai folgte der BiFuel, im Juni der Cross-Polo, im August der für Russland bestimmte Polo Sedan, und zum Einstieg in die Rallye-WM 2013 legte Volkswagen eine auf 2500 Exemplare limitierte Sonderserie im WRC-Design auf. Der mit 220 PS bislang stärkste und mit 234 km/h schnellste Polo (2,0-Liter-TSI) überhaupt hieß Polo R WRC, kostete 33.900 Euro und war ab September 2013 zu haben, gerade rechtzeitig zum Titelgewinn. Das Facelift 2014 bescherte dem Polo neben geringfügigen optischen Retuschen an Front und Heck komplett neue Euro-6-Motoren und neue Infotainmentsysteme. Wie üblich, gab es im Laufe der Zeit diverse Sondermodelle.

Im Juni 2009 vorgestellt, wurde der Polo im April 2014 einem Facelift unterzogen. Optisch änderte sich wenig, doch der GTI leistete nun nicht mehr 180, sondern 192 PS.

Polo VI (Typ AW)

Ende September 2017 schließlich rollte der Polo der sechsten Generation in die Schauräume der Händler. Nach dem Seat Ibiza V war er das zweite Modell im Konzern, das auf der MQB-A0-Plattform basierte. Der »sub-kompakte« (VW-Bezeichnung) Kleinwagen war längst nicht mehr wirklich klein: Mit 4053 mm war er 8 cm länger als sein Vorgänger und damit auch länger als die Golf-Modelle der ersten drei Generationen. In der Breite hatte der neue Polo um 69 auf nunmehr 1751 mm zugelegt, der Radstand war um 78 auf 2548 mm angestiegen. Und auto motor und sport bescheinigte dem Kleinen denn auch, er beherberge »seine Passagiere in einer Raumfülle, die es sonst meist erst in der Kompaktklasse gibt«. VW-typisch sorgfältiger Verarbeitung stellten die Tester das billig wirkende im Innenraum verwendete Hartplastik gegenüber, bescheinigten dem Serien-Testsieger jedoch, in Sachen Komfort »in einer eigenen Liga« zu fahren.
Die Motorenpalette war reich bestückt, als Antrieb standen zunächst ein Einliter-Dreizylinder-Benziner mit 65 bzw. 75 PS zur Verfügung, ein gleichgroßer Erdgasmotor (TGI) mit Turbolader und Direkteinspritzung (90 PS), der Einliter-Dreizylinder-Benziner mit Turbo und Direkteinspritzung (TSI, 95 bzw. 115 PS) sowie zwei Vierzylinder-TSI mit 1,5 Litern und 150 PS bzw. 2,0 Litern und 200 PS, letzterer dem Polo GTI vorbehalten. Daneben gab es noch einen 1,6-Liter-Diesel (TDI) mit 80 bzw. 95 PS.
Im Herbst 2020 erhielt der Polo ein Facelift, er fuhr nun mit dem neuen VW-Logo vor, und der »Polo«-Schriftzug, bislang unten links auf der Heckklappe platziert, wanderte in neuer Schriftart in die Mitte unter das neue Logo.

Nach dem Modellwechsel gab es den Polo nur noch als Viertürer. Im Radstand hatte er im Vergleich zur fünften Generation um fast zehn Zentimeter zugelegt und basierte nun auf dem MQB.

Der CrossPolo war nur viertürig zu haben. Für 2500 Euro Aufpreis auf die Comfortline-Ausstattung gab's zusätzlich Dachreling, Höherlegung, Lederlenkrad, 17-Zoll-LM-Räder, Offroad-Plastik, Sportsitze und Nebelscheinwerfer.

Mit dem GTI der sechsten Generation erhielt der Polo den 2.0 TSI-Motor und knackte die 200-PS-Marke. Dazu kam ein passendes Fahrwerk mit Querdifferenzialsperre XDS, die gesamte Riege an Fahrdynamiksystemen und nette Details wie Sitzbezüge in Karomuster, den legendären roten Streifen im Kühlergrill und dergleichen mehr. Und außerdem gab es den Polo GTI R5, den 272 PS starken Rallye-Polo der Volkswagen Motorsport für den Kundensport.

Aus dem Golf wurde der Rabbit, und das in Westmoreland gebaute Kaninchen hoppelte ab 1978 über Amerikas Weiten. Ungewöhnlich war der kleinvolumige Benzinmotor, noch ungewöhnlicher aber waren das durchdachte Konzept und die Wirtschaftlichkeit des Autos.

Lange hatte VW sich in Sachen Motorsport zurückgehalten, doch 1977 startete ein Werksteam mit einem 121 PS starken GTI bei der Deutschen Rallye-Meisterschaft, 1981 holten Stock/Schmuck mit dem Rheila-Golf den Titel in der Gruppe 2.

Die Idylle trügt: Der Golf war ein Wagnis für Volkswagen, als er 1974 erschien, hing das Überleben des Konzerns einzig und allein von diesem Typ ab. Neben der Steilheck-Limousine mit zwei und vier Türen gab es den Golf I ab 1979 auch mit Stufenheck, ohne Dach und mit Pritsche. Bis 1983 wurden 6,99 Millionen Fahrzeuge gebaut.

Lange suchten die Wolfsburger nach einem Käfer-Nachfolger. Zunächst machten sich Entwickler von VW, Porsche und Audi ans Werk, doch letztlich war es Giorgetto Giugiaro, der den ersten Golf schuf.

VW GOLF

Golf I (Typ 17)

Der VW Golf als Nachfolger des Käfers hatte zwar dessen Radstandsmaß, folgte aber einer neuen Konstruktions-Philosophie: Sein wassergekühlter Vierzylindermotor war vorne quer zur Fahrtrichtung eingebaut und trieb die Vorderräder an. Er wurde im Juli 1974 als Zwei- und Viertürer präsentiert. Der Golf als zweitüriges Grundmodell kostete 7995 Mark und damit so viel wie ein 1303, war aber ausgesprochen spärlich ausgestattet. Wer Zierleisten, Liegesitzbeschläge, Armlehnen, Zweistufen-Gebläse sowie eine Gepäckraumabdeckung wollte, musste die L-Ausstattung ordern.

Unter der Golf-Haube arbeiteten zwei völlig neue Motorfamilien. Die kleinere Baureihe – Typ 801 – wurde mit 0,9, 1,1 und 1,3 Litern Hubraum auch in Polo, Derby, Scirocco und und Audi 50 angeboten, während das größere 827er-Aggregat mit 1,3- und 1,5 Litern Hubraum auch in Passat, Audi 80 und Audi 100 zu finden war. Ein Dieselmotor wurde 1976 eingeführt, zusammen mit einer Reihe von Detailverbesserungen, zu erkennen an den verchromten Stoßstangen. Zum Modelljahr 1978 kamen dann neue Stoßfänger aus Kunststoff, die bis zu den Radausschnitten herumgezogen waren.

Im August 1980 erhielt der Golf größere Rückleuchten, und die 70-PS-Ausführung wurde mit einem Fünfganggetriebe ausgestattet, dessen oberster Gang als Spargang ausgelegt war. VW sprach vom 4+E-Schaltgetriebe (E = Economy). Besonders interessant war der sparsame 1,6-Liter-Turbodiesel (1982–83) mit 70 PS / 51 kW. Der Golf-Kunde konnte in dieser Leistungsklasse auch ein Benzinmodell erhalten. Der Golf CL mit 1,5-Liter-Benziner (70 PS) verbrauchte im Schnitt rund zwei Liter mehr als der GTD, war aber um knapp DM 3000,– billiger als der Turbo-Diesel. Die Kostenbilanz für Normalfahrer war eindeutig: Nur für Vielfahrer rentierte sich das Drehmoment-Wunder aus Wolfsburg.

Der Golf beim ersten Kennenlernen: Die Zeitschrift mot in Stuttgart schickte ihren Fotografen Ulrich Schwab, um den neuen Volkswagen in Szene zu setzen. Hier fiel schon auf: Ein Golf war mager ausgestattet. Wer zwei Rundinstrumente vor sich sah, saß in einem L oder LS, beim Basis-Golf verlor sich nur eine Uhr im eckigen Armaturenbrett. Das Radio war in jedem Fall aufpreispflichtig. (Foto: Schwab / Slg. Kuch)

VW GOLF

Golf II (Typ 19E, ab 1989: Typ 1G1)

Im August 1983 erfolgte die Vorstellung der zweiten Golf-Generation. Die Rundumerneuerung brachte eine stämmigere Figur, ein neues Armaturenbrett und einen (dank niedrigerer Ladekante) besser und rückenfreundlicher zu beladenden Kofferraum. Die Motorenauswahl hatte sich auf sechs Triebwerke erweitert. Meistverkauftes Modell war der 1,6-Liter mit 75 PS; diesen Hubraum wies auch der vergrößerte Dieselmotor auf. Besonders in der E-Ausführung (Getriebe mit Schongang) entpuppte sich der Selbstzünder als Sparwunder; nur der gleichzeitig angebotene Turbodiesel sparte noch ein klein wenig mehr. Wobei die Sparanstrengungen hohe Investitionen erforderten, mit einem Grundpreis von DM 16.850,– musste man den nackten Diesel-Golf schon arg lange fahren, bis dieser sich amortisierte. Andererseits war diese zweite Generation (nach dem Facelift 1987 ohne vordere Ausstellfenster) langlebiger und solider als jede andere Golf-Generation davor und danach.

Im September 1985 präsentierte VW auf der Frankfurter Automobilausstellung den Prototyp des Golf syncro. Dieses Modell mit Allradantrieb gab es nur mit dem 1,8-Liter-Motor. Die schlupfabhängige Kraftverteilung vorn/hinten erfolgte über eine Viskokupplung; der automatische Freilauf sorgte beim Bremsen für eine Entkupplung der Hinterräder. Antriebstechnik und Fahrwerk waren identisch mit denen des Passat syncro, dessen Motor allerdings 2,0 Liter Hubraum hatte. Der Golf syncro blieb hierzulande eine Rarität, und ähnlich erging es auch dem zwischen 1900 und 1992 verkauften Golf Country, einem hochgelegten Allradler mit neuen Federbeinen und Distanzstücken zwischen Achsen und Karosserie, welche die Bodenfreiheit um 60 auf 180 mm erhöhten. Das Reserverad saß an einem Bügel auf dem Fahrzeugheck, vor dem Kühler wies der Wagen ein Gitter auf, das auch die Scheinwerfer einfasste, außerdem hatte der Viertürer einen Unterbodenschutz.

Die Modellpflege 1987 brachte einen neuen Kühlergrill, außerdem fielen die vorderen Dreieckfenster weg. Die Außenspiegel wanderten nach vorne ins Fensterdreieck. Das zweite Facelift vom August 1989 bescherte den GL- und GTI-Modellen voluminösere Stoßfänger.

Volkswagen stellte den Golf Syncro kurz vor der IAA in Frankfurt im September 1985 vor. Das Allrad-Antriebssystem hatte eine »schlupfsensible Kraftverteilung« und konnte problemlos bei jeder Baureihe mit Quermotor und -schaltgetriebe verwendet werden.

Beim Genfer Salon im März 1989 zuerst als Studie gezeigt, ging der höher gelegte Golf Syncro im Sommer 1990 als »Golf Country« in den Verkauf. Gebaut hat ihn Steyr-Daimler-Puch in Österreich, die Motorleistung lag bei 98 PS. Der hochgebockte Golf – den es nur als Viertürer gab – kostete mindestens 32.275 Mark, also 1465 Mark mehr als der normale Golf Syncro GT Kat. Für Mitarbeiter gab es das Sondermodell »Wolfsburg-Edition« mit 1,8-Liter-GTI-Motor, aber ohne GTI-Embleme. Insgesamt wurden zwischen Januar 1990 und Dezember 1991 7735 Country gebaut.

Der Golf hatte im Vergleich zum Vorgänger in allen Dimensionen zugelegt. Die Ausstattungslinien hießen, wie gehabt, C, CL, GL; hinzu kam als Topmodell der 1.8 GLX mit Zentralverriegelung, elektrischen Fensterhebern vorn, Servolenkung und Bordcomputer aus dem GTI.

Die Modellpalette begann mit dem Golf 1,3 C mit 55 PS, gefolgt vom 75 PS starken 1,6-Liter. Neu war der 1,8-Liter-Vergasermotor mit 90 PS. Für Dieselfreunde gab es den Selbstzünder mit 54 PS als Sauger oder mit 70 PS als Turbodiesel.

Im Rahmen der Modellpflege kam es zu erheblichen Ausstattungsverbesserungen. Stoßfänger in Wagenfarbe ersetzten die massiven schwarzen Schürzen, 1996 gab es optional und ab 1997 Seiten-Airbags und ABS. Und die CL- und GL-Bezeichnungen wurden durch »Trendline« und »Comfortline« ersetzt.

Der Golf-Kombi trug wieder die Traditionsbezeichnung »Variant«. Um einen möglichst großen Laderaum zu schaffen, musste die Hinterachse geändert werden. Das verbreiterte den Raum zwischen den Radkästen; bei umgeklappten Rücksitzen und dachhoher Beladung schluckte der Kombi dann 1425 Liter, lediglich 75 Liter weniger als der Passat-Kombi.

1993 erschien der Golf TDI. Der Turbodiesel-Direkteinspritzer leistete 90 PS und verhalf dem Pkw-Diesel zum Durchbruch. Insgesamt wurden 4,83 Millionen Golf III gebaut.

Golf III (Typ 1H)

Der zum »Auto des Jahres« gewählte Golf in der dritten Generation wies ein völlig neues Karosseriedesign, aber einen identischen Radstand wie der Vorgänger auf. Harmonisch fügte sich die Frontpartie mit ihren flachen Scheinwerfern in die keilförmige Silhouette des Wagens; alle Scheiben schlossen bündig mit der Karosserie ab. Die Produktion des Golf III setzte im August 1991 ein, vom Start weg gab es nicht weniger als 18 Ausführungen. Die Varianten CL und GL konnte man sowohl mit aufgeladenem als auch mit einem Saug-Dieselmotor erhalten; beide hatten 1,9 Liter Hubraum. Spitzenmodell war der Golf III mit dem VR6-Motor aus dem Passat, zu erkennen am Emblem im Grill und zu haben mit zwei und vier Türen sowie mit Allradantrieb.

Im Herbst 1993 erweiterte VW die Golf-Modellfamilie um eine Kombiversion, die wiederum die Traditionsbezeichnung »Variant« erhielt. Dessen Linienführung ab der B-Säule allerdings verriet, dass bei der dritten Golf-Generation die Entwicklung eines solchen Karosserietyps gar nicht vorgesehen gewesen war. Nachdem aber dann entschieden wurde, der Konkurrenz – allen voran Opel – nicht länger kampflos das Feld zu überlassen, musste ein solches Kombimodell auf Vento-Basis angerissen werden, was das Design beeinflusste. Doch so oder so: Der neue Volks-Lademeister hatte einen 465 Liter großen Kofferraum, dessen Volumen sich nach Umlegen der Rücksitzbank auf 1425 Liter erweitern ließ. Bis auf den 2-Liter-16V- und VR6-Motor standen alle Triebwerke des Golf-Programms zur Wahl; die Preise begannen bei DM 24.960,–. Ab Dezember 1994 waren der Golf III und der Golf Variant III auch mit Allradantrieb im Programm.

Das Kofferraumvolumen lag bei 330 Litern und lag damit leicht über dem Niveau des Vorgängers. Doch der hatte noch ein vollwertiges Ersatzrad und kein Notrad.

Der VR6 war der erste Sechszylinder in der Kompaktklasse, bald auch mit Automatik. Später gab es mit dem VR6 Highline eine Variante mit dem 174 PS starken 2,9-Liter-Motor und syncro-Allradantrieb.

VW GOLF

Golf IV (Typ 1J)

Der Wegbereiter in der Kompaktklasse ging im August 1997 in die vierte Auflage. Der neue Golf hatte in jeder Hinsicht zugelegt, in seinen Außenabmessungen ebenso wie im Radstand. Wie schon der Passat legte auch der Golf in seiner Klasse die Messlatte noch etwas höher; in punkto Verarbeitung, Karosseriesteifigkeit und nicht zuletzt dank der vollverzinkten Karosserie war der neue Golf der Konkurrenz voraus. Zunächst standen fünf Benzinmotoren und drei Diesel zur Wahl, Spitzenmotorisierung war der Audi 1.8-5V mit 150 PS, besonders fein in Kombination mit dem neuen Allradantrieb, die ab Januar 1999 beim Händler stand. Volkswagen nannte dieses Antriebskonzept nun »4MOTION«. Zum Modelljahr 2000 kam dann der V6 4Motion mit 204 PS. Der V5 lief zum Modelljahr 2001 aus.
Das Fahrwerk stammte im Prinzip vom Vorgänger, allerdings waren an der Verbundlenker-Hinterachse Federung und Dämpfung voneinander getrennt, um mehr Platz zu gewinnen. Den Einstieg bildete der 1,4-Liter-16V aus dem Polo mit 75 PS. Betont sportlich orientierte Golf-Fahrer sollten zum GTI mit 1,8-Liter-Vierzylinder und 150 PS greifen, allerdings hatten alle Modelle in Wagenfarbe lackierte Stoßfänger und Kühlergitter, so war es schwierig, einen GTI von seinen schwächeren Geschwistern zu unterscheiden. 1999 erschien die Variant-Neuauflage, wobei die neue Hinterachse den Zugang zum Frachtabteil deutlich verbesserte. Das Kofferraumvolumen stieg auf 1470 Liter bei umgeklappten Rücksitzlehnen, ein Plus von 45 Litern gegenüber dem Vormodell. Da diese Karosserievariante auch als Bora verkauft wurde, standen nicht alle Motoren zur Verfügung, so fehlten der V6 und der Top-Diesel.
Der Golf R32 wurde offiziell auf der Madrider Motorshow im Mai 2002 als Flaggschiff der Modellfamilie eingeführt. Für Vortrieb sorgte hier der in Hubraum und Bohrung auf 3189 Kubik vergrößerte Schmalwinkel-V6 mit neu entwickeltem Zylinderkopf und zweiflutiger Abgasanlage. Auf den Turbolader wurde verzichtet, der quer eingebaute Sechszylinder mit stufenloser Abgas- und Ventilsteuerung kam auf 241 PS bei 6250 Touren. Der Motor selbst war zwar neu im Golf, aber nicht neu für Volkswagen: Sowohl der Phaeton als auch der Touareg hatten dieses Aggregat im Bug. Der R32 beschleunigte, wiederum laut Werk, in 6,6 s auf 100 km/h, die Spitze lag bei 247 km/h. Die Motorkraft wurde über ein modifiziertes Sechsganggetriebe an den serienmäßigen Allradantrieb weitergereicht. Gegenüber der Basis lag der R32 um 20 Millimeter tiefer, die elektronischen Helferlein von ABS über EBV bis ESP fuhren serienmäßig mit.

Der erste Golf mit Erdgasantrieb (BiFuel im Variant) erschien 2002. Der Erdgas-Kombi leistete statt der 115 PS im Erdgasmodus nur 102 PS, was sich im Fahrbetrieb nicht sonderlich auswirkte. Der 55-Liter-Tank lag im Kofferraum.

Die Diesel-Golf leisteten bis zu 150 PS. Jetzt erfolgte auch die Umstellung auf die »Pumpe-Düse«-Technologie. Die Leistung der 1,9-Liter-TDI-Motoren stieg so von 110 auf 115 PS.

Während in Deutschland längst schon der Golf V produziert wurde, gab es in China den Golf IV bis 2008 zu kaufen, als »Bora HS«.

Der Golf von 1997 gilt als Design-Meilenstein. Vor allem die Form der Dachsäule und deren Schwung, das »gepfeilte C«, avancierten zum Markenzeichen. Das Design entstand unter der Ägide von Hartmut Warkuß.

Beim Golf IV kam es zur ersten großen Änderung an der Verbundlenker-Hinterachse: Federung und Dämpfung wurden getrennt. Das verlieh ihm wesentlich bessere Fahreigenschaften. Zunächst markierte der 2,3 Liter V5 die Spitze im Golf-Angebot. Der 2,8 Liter VR6 löste ihn 1999 ab, hieß aber jetzt schlicht »V6« und war ausschließlich in Verbindung mit Allradantrieb 4Motion lieferbar. Alle Benziner hatten nun 16 Ventile, der 1,4-Liter mit 75 PS war neu.

VW GOLF

Golf VIII (Typ CD)

Die achte Generation des Wolfsburger Dauerläufers rollte im Dezember 2019 zu den Händlern, die Kombi-Variante folgte ein knappes Jahr später. Die MQB-Plattform, auf der bereits der Vorgänger basierte, war für den Neuen weiterentwickelt worden und nannte sich nun MQB evo. Auf dieser Basis wurden allerdings weniger Modellvarianten angeboten als noch beim Vorgänger: Den Golf VIII gab es weder als Dreitürer noch als Sportsvan, und auch ein Golf Cabrio suchten Frischluftfans in der Modellpalette vergebens.

Zum Verkaufsstart kostete der günstigste Golf VIII, ein 130-PS-Benziner, 26.460 Euro. Das Basismodell mit 90 PS starkem Ein-Liter-Dreizylinder kam erst Ende 2020 auf den Markt und kostete ab Auslieferung im Jahr 2021 20.395 Euro. Erstmals war damit kein Golf mehr unter 20.000 Euro zu haben.

Anfang 2021 gab es den Golf in den Ausstattungslinien Golf, Life, Style und R-Line. An Motoren standen je nach Ausstattungslinie Drei- und Vierzylinder-Benziner mit 90 bis 150 PS, Vierzylinder-Diesel mit 115 bis 150 PS, ein Erdgas-Motor mit 130 PS, Mild-Hybride mit 110 bis 150 PS und ein Plug-in-Hybrid mit 150/54 PS zur Verfügung, die mit Fünf- oder Sechsgang-Schalt- bzw. Siebengang-Doppelkupplungsgetrieben gekoppelt waren. Vervollständigt wurde die Golf-Reihe durch den GTI (s. dort), den GTE (1,4-Liter-Benziner, 150/70 PS), den GTD (2,0-Liter-TDI, 200 PS) und das Spitzenmodell Golf R (2,0-Liter-TSI, 320 PS). Mit dem Golf Active kam Anfang 2021 außerdem noch ein erstes Sondermodell auf den Markt, das neben zusätzlichen Ausstattungsdetails vor allem mit einer fünfjährigen Garantie (bis 50.000 km) punktete.

Der Neue brachte serienmäßig LEDs in allen Leuchten außer den Blinkern mit, Matrix-LED-Scheinwerfer waren gegen Aufpreis ebenfalls erhältlich. Im Innenraum gab es zwei digitale Displays, ein 10 Zoll großes hinter dem Lenkrad, auf dem sich klassische Anzeigen wie Drehzahlmesser oder Tacho darstellen ließen, das aber auch über die gesamte Fläche die Navigationskarte anzeigen konnte. Das zweite Display über dem Mitteltunnel beherbergte unter einer grafischen Oberfläche verschiedenste Bedienelemente wie Radio, Telefon oder Navigation, je nach Ausstattung auch Klima/Heizung.

Das las sich alles ganz gut und sah auch chic aus, nur wollte es – zumindest anfangs – anscheinend nicht so recht funktionieren: Die Software machte immer wieder mal Probleme, die selbst hartgesottene Golf-Fans auf die Palme bringen konnten. Mitte Mai 2020 hielten die Wolfsburger sogar die Produktion kurzzeitig an, weil aufgrund einer unzuverlässigen Datenübertragung die Funktion des Notruf-Assistenten nicht gewährleistet werden konnte. Im Januar 2021 startete VW dann einen freiwilligen Rückruf für rund 56.000 Gölfe, die vor August 2020 gebaut worden waren. Später gebaute Modelle waren dann bereits mit einer stabileren Software ausgestattet. Bei zuvor gebauten Fahrzeugen jedoch konnte es übereinstimmenden Medienberichten zufolge im Infotainment-System zu einem Totalausfall der Navigation, der Übertragung von Bildern der Rückfahrkamera oder der Klimaanlage kommen. Erst, nachdem das Fahrzeug über Stunden abgestellt worden war, trat – mit etwas Glück – der Fehler (zunächst) nicht mehr auf.

Wenn dann aber alles funktionierte, konnte auch der Golf VIII seinen Beitrag zur Wahrung des Rufs als Klassenbester leisten. Zum Beispiel mit den Funktonen auf Abruf: Verbaute, aber beim Neukauf noch nicht aktivierte Gimmicks wie Fernlichtassistent, Adaptivtempomat oder Sprachassistent ließen sich auch später noch freischalten, beispielsweise von einem Zweitbesitzer. Oder mit Car2X: Der Golf tauschte Infos mit Fahrzeugen, die über die gleiche Technik verfügten. AutoBild jedenfalls stellte fest: »So fährt der Golf 8 vorzüglich.« Und zog als Fazit: »Der Golf ist der Golf ist der Golf – und deshalb wird er trotz Startschwierigkeiten und ambitionierter Preisgestaltung seine Käufer finden. Aber hätten die Verantwortlichen an einigen Stellen fünf Minuten länger überlegt oder einfach zweimal hingeschaut, dann wäre er statt eines guten Kompakten vielleicht sogar ein richtig guter geworden.«

Der Variant, hier in als Alltrack, geriet um sieben Zentimeter länger als der Vorgänger. Hinter der Heckklappe (optional elektrisch zu betätigen) eröffnete sich ein Ladeabteil mit bis zu 1642 Litern.

Die achte Golf-Generation bot mehr Vielfalt als je zuvor: Benziner, Diesel, Erdgas, Mild- und Plug-in-Hybrid und Motorleistungen von 90 bis 320 PS. Optisch war er ein typischer Golf geblieben. Die größte Umstellung erforderte das neue Bedienkonzept.

GTD, GTI und GTE kosteten zwischen 35.000 und 40.000 Euro und boten ein ähnliches Ausstattungsniveau. Den GTI gab es nur als Handschalter, die anderen beiden hatten das stark verfeinerte Siebengang-DSG.

Abgesehen vom gewöhnungsbedürftigen Bedienkonzept, das auf konventionelle Regler und Bedienknöpfe verzichtete, überzeugte der Golf auf Anhieb.

Zur IAA 1975 stellte Volkswagen den GTI mit 110-PS-Einspritzmotor in Frankfurt der Öffentlichkeit vor. Die GTI-Produktion lief aber erst ein Jahr später, im Juni 1976, an.

Mit dem »Pirelli-GTI«, vorgestellt im Mai 1983, verabschiedete sich die erste GTI-Generation. Aufgewertet mit 185er Breitreifen und Sonderfelgen, Vierspeichen-Lederlenkrad, Wärmeschutzverglasung und Doppelscheinwerfer-Grill, kostete der 112-PS-Golf 20.285 Mark.

Das GTI-Erfolgsrezept selbst war eigentlich recht simpel: Ein kompaktes, leichtes Auto (800 kg) kombiniert mit einem starken Motor (der aus dem Audi 80 GTE stammte) sorgte für fulminante Fahrleistungen: Eine Beschleunigung von 9,2 Sekunden auf 100 km/h und eine Spitze von 182 km/h schafften allenfalls großvolumige Motorräder oder Sportwagen. Dabei waren ihm seine sportlichen Talente von außen kaum anzusehen: Dezente Kotflügelverbreiterungen, 175er Reifen und ein Bugspoiler – Understatement pur eben, und mit DM 13.850 noch nicht einmal so teuer zu bezahlen.

VW GOLF GTI

Fehleinschätzung: Die GTI II der ersten Produktionsmonate verfügten über den Kühlergrill der normalen Modelle, hatten also noch keine Doppelscheinwerfer. Die Fans protestierten.

Der Golf GTI 16V vom November 1985 entwickelte 139 PS bei 6100/min, später dann, mit Katalysator, 129 PS. Mit DM 25.595,-kostete er knapp 3000 Mark mehr als ein normaler GTI, war aber kaum besser ausgestattet

Golf GTI I

Der Golf GTI avancierte zum Kultobjekt. Sein Erfolgsrezept war simpel – doch außer Volkswagen hatte es noch niemand ausprobiert: Ein kompaktes, leichtes Auto (800 kg) sorgte in Kombination mit einem 110 PS starken Motor für ungeahnte Fahrleistungen: 0–100 km/h in 9,2 s, Spitze 182 km/h, das hatte es in dieser Wagenklasse noch nicht gegeben. Unter der Frontschürze wies der GTI einen Bugspoiler auf. Sein Debüt gab er zur IAA 1975, seine Auslieferung erfolgte im Juni 1976. Ab 1978 gab es voluminösere Stoßfänger aus Kunststoff (die den Wagen um elf Zentimeter länger machten) sowie ein Ökonometer (Verbrauchsanzeige) bei den Instrumenten; ab 1979 war der GTI mit Fünfgangschaltung zu bekommen. Besonders interessant war der GTI mit dem 1982 eingeführten 1,8-Liter-112-PS-Einspritzmotor; bereits seit dem Vorjahr war der GTI auch viertürig lieferbar. Mit dem Sondermodell »Pirelli-GTI« verabschiedete sich die erste GTI-Generation vom Markt. In Deutschland gelangten etwa 180.000 GTI der ersten Generation in den Verkehr.

Golf GTI II

Natürlich gab es auch vom Golf II wieder eine GTI-Variante. Zu haben war sie ab Frühjahr 1984, hatte nun auch Scheibenbremsen hinten sowie umfangreichen Verbesserungen am Fahrwerk, das gegenüber den schwächeren Golf-Modellen um 10 mm tiefer gelegt worden war. Doch der 1,8-Liter-Motor mit 112 PS stammte aus dem Vormodell, und das war nach Meinung der Fans nicht genug, weil das gestiegene Gewicht das Temperament dämpfte. Außerdem hatte der neue keine Doppelscheinwerfer. Zumindest das änderte sich bereits 1985; und den gefühlten Leistungsmangel behob der im Juni 1985 gezeigte GTI 16V mit Vierventil-Zylinderkopf und 139 PS, das sorgte für Fahrleistungen auf Niveau des Ur-GTI. Das Fahrwerk war härter abgestimmt und die Bremsanlage verstärkt; die 14-Zoll-Räder mit Pneus der Dimension 185/60 galten damals als amtliche Breitreifen. Ab 1989 gab es den GTI nur noch mit Katalysator.

Beim GTI-Treffen am Wörthersee überraschte Volkswagen im Juni 1988 die Fangemeinde mit der Studie eines »Super-Golf«. Zum Genfer Salon wurde aus der Studie dann Wirklichkeit. Optische Merkmale waren Kotflügelverbreiterungen, Spoilerwerk und Jetta-Breitscheinwerfer, darunter verbargen sich ein Motor mit G-Lader, ABS, Servolenkung, 15-Zoll-Fahrwerk und Syncro-Allradantrieb. Dieses Basisfahrzeug für den Motorsport sollte nur 5000 Mal gebaut werden, mit DM 44.500,– war der Zweitürer der teuerste Golf überhaupt. Die zivilere Ausführung hieß »Golf GTI G60«. Dieser Über-GTI mit G-Lader lief über 200 km/h und stand ab März 1990 im Programm; die Allradversion kam ein Jahr später auf den Markt. Merkmal des Allrad-Antriebs war die variable, schlupfabhängige Kraftverteilung zwischen Vorder- und Hinterachse über eine mit zähflüssigem Silikon-Öl gefüllte Lamellenkupplung. Auf Wunsch gab es eine elektronisch aktivierte Differentialsperre (EDS). Das Fahrwerk stammte vom Rallye-Golf.

VW hatte 1986 mit dem 215 PS starken GTI 16V die Rallye-WM in der Gruppe A gewonnen und startete dann in die Saison 1990 mit Allradantrieb. Die Homologationsexemplare wurden als »Golf Rallye G60« vermarktet.

VW GOLF GTI

GTI III

In der dritten Auflage verabschiedete sich der GTI endgültig von jeglicher Eigenständigkeit, weder optisch noch technisch bot er Herausragendes und nichts, was man nicht schon kannte. Denn so wie jede Audi-Innovation irgendwann und in vielleicht abgespeckter Form bei Volkswagen erschien, so stammten die hier zu findenden Neuerungen zumeist von dem auf Quermotor umgestellten Passat. Die GTI-Palette umfasste wie gehabt Acht- und Sechzehnventiler, neu indes war der Hubraum von 1984 Kubik. Die Leistung des aus dem Passat bekannten Achtventilers lag bei 115 PS, während die 16-Ventil-Version mit 150 PS noch bis zum Modelljahr 1993 auf sich warten ließ. Wie gehabt – und wie bei Corrado und Passat – war die Verbundlenker-Hinterachse mit spurkorrigierenden Hinterachslagern ausgerüstet, bei GTI vervollständigte ein Stabilisator das Arrangement. Die McPherson-Federbein-Vorderachse mit unteren Querlenkern fand sich auch bei jedem Golf, auch hier gab es Details, welche den GTI von den schwächeren Modellen unterschied: Er verfügte über das »Plus«-Fahrwerk, das den Geradeauslauf verbesserte. Dazu kamen eine steifer ausgelegte Servolenkung und Gasdruckstoßdämpfer hinten. Doch wer einen Abglanz alter GTI-Herrlichkeit erleben wollte, musste zum VR6 greifen. Der konnte alles – und besser – was der GTI früher gekonnt hatte. Doch es fehlten die magischen drei Buchstaben, und als der Golf 1994 in den USA an den Start ging, trug der VR6 die GTI-Plakette.

1996 wurde »20 Jahre GTI« gefeiert. Zu diesem Anlass legte man eine auf 1000 Fahrzeuge limitierte Sonderserie auf, zu haben mit beiden GTI-Motoren und dem 110-PS-TDI.

Golf IV

Eigentlich konnten nur noch die Logos als GTI-Erkennungsmerkmal dienen. Es gab keine roten Paspeln und auch keine Embleme an den Flanken mehr, und Leichtmetallfelgen waren inzwischen auch kein Unterscheidungskriterium mehr. Die markantesten Merkmale von GTD oder GTI waren Stoßfänger, Türgriffe und Seitenschutzleisten in Wagenfarbe statt Schwarz plus abgedunkelte Linsen in den Rückleuchten. In Deutschland war die GTI-Ausstattung ausschließlich mit dem 1,8-Liter-Zwanzigventil-Motor aus dem Audi Regal zu bekommen, er leistete 150 PS, wobei nicht wenige Käufer den Diesel-GTI, den GTD, mit dem 1,9-Liter-TDI vorzogen, weil der richtig Kraft aus dem Drehzahlkeller bot: »Der wahre GTI«, wie die Auto Zeitung lobte. Im Grunde genommen waren die Buchstaben »GTI« zur Worthülse verkommen, sie standen für eine Ausstattungslinie mit BBS-Alus (Reifen 205/55 R 16), Logos und feine Recaro-Sportsitzen. Dazu passte, dass es ihn jetzt auch als Fünftürer gab. Die Rolle, die der GTI bisher innerhalb der Golf-Familie gespielt hatte, übernahm nun der Golf R32. Der erschien – dreitürig – 2002 und hatte den 3,2-Liter VR6 mit 241 PS unter der Haube, Sechsgang-Getriebe und permanenten Allradantrieb.

Alle Modelle hatten in Wagenfarbe lackierte Stoßfänger und Kühlergitter, so war es schwierig, einen GTI von den schwächeren Gölfen zu unterscheiden. Anders nämlich als beim GTI III gab es keine schwarzen Karosserieapplikationen mehr und auch keine abgedunkelten Heckleuchten.

Der wahre GTI: Mit einem Grundpreis von 31.950 Euro war der R32 kein Sonderangebot, allerdings war bis auf Schiebedach, Navi und Lederausstattung die Ausstattung mit Klimaautomatik, Xenon-Scheinwerfer, Regensensor, Metalliclack überkomplett – mehr ging kaum.

Alle Modelle hatten in Wagenfarbe lackierte Stoßfänger und Kühlergitter, so war es schwierig, einen GTI IV von den schwächeren Gölfen zu unterscheiden. Ab Werk gab es keine schwarzen Karosserieleisten mehr und auch keine abgedunkelten Heckleuchten.

In der dritten Auflage wurde es noch einmal schwerer, den GTI von seinen schwächeren Geschwistern zu unterscheiden. Die typische Doppelscheinwerferfront gehörte der Vergangenheit an. Der Achtventil-Zweiliter-GTI-Motor mit Gussblock und Alu-Zylinderkopf wurde aus dem bewährten 1,8 Liter abgeleitet. Seine Leistung lag bei 115 PS, das wurde dem großen Namen nicht gerecht.

2005 debütierte der zweite Golf R32; mit 184 kW (250 PS) war er noch ein wenig stärker und souveräner als der Golf IV.

Mit seiner Frontgestaltung unterschied sich der GTI V von allen anderen Varianten, er war sicherlich das auffälligste Mitglied der Golf-Familie. Das Wort »Golf« fand sich weder innen noch außen, dieser Golf hieß nur noch »GTI«. Neben dem Topmodell, dem R 32, gab es ihn mit 147 kW (200 PS) und 169 kW (230 PS), letzteres beim 30-Jahre-GTI-Sondermodell.

VW GOLF GTI

2007 lancierte Volkswagen beim GTI-Treffen am Wörthersee das GTI-Sondermodell »Pirelli«.

Golf GTI V

Vom GTI der fünften Generation gab es zwei Sondermodelle. Das erste hieß »Edition 30« und war ab November 2006 zu haben, zum dreißigsten Geburtstag des ersten GTI. Das Sondermodell hatte mattschwarze 18-Zoll-Räder mit 225er Reifen, abgedunkelte Scheinwerfergehäuse, Plaketten und Innenraumverfeinerungen wie Teilleder, Sitzheizung und weitere Kleinigkeiten mehr, die den Preis auf 29.175 Euro ansteigen ließen. Der Edition hatte außerdem 30 PS mehr und beschleunigte in 6,8 s von 0-100 km/h. Das zweite GTI-Sondermodell wurde im Mai 2007 beim GTI-Treffen am Wörthersee in Österreich präsentiert, der »Pirelli« mit 18-Zoll-Rädern im Pirelli-Design und 225er P-Zero-Pneus der italienischen Reifenbäcker. Dazu kamen unter anderem Sitzbezüge mit einem Reifenprofil, abgedunkelte Scheiben und Metallic- oder Perleffekt-Farben. Gebaut zwischen Oktober 2007 und Juni 2008, gab es den Pirelli in Blau, Schwarz oder einem Sonnenblumengelb; er kostete 1000 Euro mehr als der Edition 30. Wer's noch sportlicher mochte, fand im Sechszylinder-Typ R32 eine Alternative.

Golf GTI VI

Im Gegensatz zur vorherigen Generation hatte der ab 2009 verkaufte GTI VI keinen eigenen Kühlergrill mehr, aber der typische rote Streifen war immerhin geblieben, ebenso wie die GTI-Sitzbezüge im klassischen Karomuster (»Jacky«). Und der Gittereinsatz hatte Wabenstruktur, keine Lamellen. Typisch für den GTI waren auch die 17-Zoll-LM-Felgen im Telefonscheiben-Design, 18-Zöller gab es gegen Aufpreis. Für Vortrieb sorgte der 2,0-l-TSI mit 210 PS aus der neuen Motorenfamilie EA 888 mit Steuerkette statt Zahnriemen und variabler Einlasssteuerung. Die Fahrleistungen lagen auf dem Niveau des Vorgängers, die Verbrauchswerte aber waren besser. In bester GTI-Tradition kam ein Sportfahrwerk zum Einsatz, mit 22 mm weniger Federweg vorn und 15 mm hinten. Die adaptive Fahrwerksregelung (DCC) stand auf der Aufpreisliste, ebenso das elektronische Quer-Sperrdifferential XDS, das Traktion und Handling verbesserte und eine Funktionserweiterung der elektronischen Differentialsperre EDS darstellte.

Mit einer Leistung von 250 PS galt er aber nicht mehr als die ganz große Sensation, Allrad-Antrieb hin oder her. Laut Werk beschleunigte der Sechszylinder-Golf in 6,5 Sekunden bis Tempo 100, im Vergleich zu den 7,2 Sekunden des GTI. Seine Höchstgeschwindigkeit lag bei 250 km/h. Zur Ausstattung gehörten das um 20 Millimeter tiefergelegte Sportfahrwerk, 18-Zoll-Leichtmetallräder, ein Kühlergrill mit Lamellen in Alu-Optik, eine neue Frontschürze, zentral positionierte Doppelendrohre, abgedunkelte Rückleuchten, ein vorderer Stoßfänger mit imposanten Lufteinlässen, ein teilweise in Wagenfarbe gehaltener hinterer Stoßfänger, blau lackierte Bremssättel und Xenon-Scheinwerfer.

Die sechste GTI-Generation wurde von einem aufgeladenen 2,0-Liter-FSI-Vierzylinder beflügelt. Er leistete 155 kW (210 PS), das 35-Jahre-Jubiläumsmodell von 2011 kam auf 173 kW (235 PS).

Die Weltpremiere des R32-Nachfolgers erfolgte zur IAA 2009. Anstelle des V6-Saugmotors kam ein 2,0-Liter-Vierzylinder-Turbo (TSI) zum Einsatz, jetzt mit 199 kW (270 PS). Aus dem »R32« wurde der schlichte »R«, und den gab es auch als Cabriolet.

VW GOLF GTI

Golf GTI VII

Auf dem Genfer Salon des Jahres 2013 präsentierte Volkswagen dann den neuen GTI, der wiederum, als Studie deklariert, im Herbst 2012 in Paris erstmals gezeigt worden war. Das Aufsehen war größer als zuletzt gewohnt, auch weil sich Volkswagen bei der Fahrwerksentwicklung und -abstimmung Porsche mit ins Boot geholt hatte. Der GTI war zum ersten Mal in zwei Leistungsstufen zu haben. Die Standard-Variante des Zweiliter-Turbo-GTI hatte 220 PS; der GTI Performance kam auf 230 PS und hatte größere Bremsscheiben und eine mechanische Vorderachs-Differenzialsperre. Der normale GTI lief 246 km/h und beschleunigte in 6,5 s auf 100 km/h, der Performance schaffte das in 6,4 s und ging 250 km/h. Natürlich gab es auch wieder einen GTD. Mit 184 PS rückte er bis auf 36 PS an den GTI heran. GTI wie GTD verfügten jeweils über eine Progressivlenkung. Zum 40. Geburtstag des GTI enthüllte VW dann auf der IAA 2015 das Sondermodell Clubsport. Der Turbodirekteinspritzer entwickelte 265 PS, verfügte aber über eine Boost-Funktion, mit der sich kurzzeitig bis zu 290 PS abrufen ließen. Mit dem in einer Auflage von nur 400 Exemplaren gebauten GTI-Sondermodell »Clubsport S« mit 310 PS gab es den bislang stärksten Serien-Golf, er war 265 km/h schnell.

Golf GTI VIII

Knapp 45 Jahre nach der Markteinführung des Golf GTI kam der Kult-Golf in der achten Generation zu den Händlern. Sein 2,0-Liter-TSI mit Turbolader leistete 245 PS (beim Top-Modell GTI Clubsport 300 PS) und fiel mit 370 (400) Nm über den Frontantrieb her, bis er bei 250 km/h abgeregelt wurde. Für den Sprint auf 100 km/h benötigte der neue GTI 6,3 Sekunden. Das 15 mm tiefer als beim Normal-Golf liegende Sportfahrwerk war von den Wolfsburgern weiter optimiert worden, ein neuer Fahrdynamikmanager sorgte für noch mehr Agilität und Sportlichkeit. »Bei hohem Tempo«, so befand denn auch der ADAC, »liegt der neue GTI deutlich stabiler auf der Straße als sein Vorgänger und macht so auch lange Fahrten auf der Autobahn zum Vergnügen. Gleichzeitig wirkt der GTI schon bei Landstraßentempo merklich agiler als bisher.«

Solchen inneren Werten sollte ein Design entsprechen, das aggressiver und moderner als beim Vorgänger daherkam. Auffallend waren vor allem die Wabenstruktur der Frontschürze, in die links und rechts je fünf LED-Einheiten als Nebelleuchten integriert waren, und die darüber über die gesamte Wagenbreite gezogene Lichtleiste mit rotem Streifen. Innen war der Neue ein typischer GTI geblieben: Abgeflachtes Lenkrad und Sportsitze mit rot gestepptem Karo-Muster, ansonsten viel Standard-Golf. Digitales Cockpit, Infotainment-Bildschirm, wenig Knöpfe. Das stieß nicht überall auf Begeisterung, die Tester von auto motor und sport befanden in ihrem Fazit schlicht: »Unerfreulich: Die Touch-Bedienung senkt den allgemeinen Komfort ganz erheblich.«

Volkswagen schuf für den 2015er Clubsport ein neues Aerodynamikpaket. Dazu gehörten ein neuer Stoßfänger und exklusive geschmiedete Leichtmetallräder.

Am 1. März 2021 begann der Vorkauf für den Golf GTI »Clubsport 45«. Zu den Besonderheiten des 47.790 Euro teuren Sammlerstücks gehörten u.a. eine Vorderachsquersperre, das schwarz lackierte Dach samt Dachkantenspoiler, 19-Zoll-Felgen, Akrapovic-Sportauspuff, Schriftzüge und dergleichen mehr.

Der GTI mit aufgeladenem 2,0-Liter-FSI und Frontantrieb stand vom Start weg mit 163 kW (220 PS) oder mit 169 kW (230 PS) in der Performance-Variante zur Verfügung.

Im Mai 2014 ging der »R« in den Verkauf. Er leistete 221 kW (300 PS) und war als Sechsgang-Handschalter oder mit Sechsgang-DSG zu haben. Im Bild ein Nach-Facelift-R 2017-2020.

Die Basis des sportlichen Treibens war der GTI mit 245 PS, als Fünftürer 35.633 Euro teuer. Wer noch knapp 2600 Euro nachlegte, erhielt den 55 PS stärkeren Clubsport.

VW GOLF CABRIO

Front und zahlreiche Ausstattungsverbesserungen wie Seitenairbags und ABS aufgewertet worden war. Die Motorenpalette umfasste vier Benzintriebwerke von 1,8 l / 55 kW bis 2,0 l / 85 kW sowie zwei 1,9-l-TDI-Triebwerke mit 66 bzw. 81 kW; außerdem waren für das Cabrio vier Ausstattungspakete lieferbar. Nach der Jahrtausendwende schrumpfte das Angebot, für 2001 gab es nur noch zwei Motorvarianten, den 2,0-Liter-Benziner und den 1,9-Liter-TDI mit 66 kW. Mitte 2002 ging der Veteran nach rund 280.000 Stück mit dem auf 1500 Exemplaren limitierten Sondermodell »Last Edition« in Rente. Seinen Platz im Modellprogramm sollte der offene New Beetle einnehmen.

Golf Cabrio VI (Typ 5K)

Das Cabriolet war die einzige echte Neuentwicklung auf Golf-VI-Basis. Dieses klassische Stoffdach-Cabriolet verzichtete auf einen starren Überrollbügel, stattdessen hatte es zwei Stützprofile hinter den Kopfstützen der Rücksitze, die bei einem Überschlag hervorschossen. Das Dach faltete sich elektrisch in 9,5 Sekunden zusammen und verschwand flach unter einer Verdeckklappe vor dem Kofferraum, der beim Vorgänger übliche Verdeckrucksack gehörte der Vergangenheit an. Ins Kofferabteil passten 250 Liter, die Kofferraumklappe fiel vergleichsweise schmal aus. Wie gehabt, verfügte das rund 200 Kilogramm schwerere Cabriolet über eine heizbare Heckscheibe aus Glas. Das neue Golf Cabrio ging mit drei Motoren – TSI mit 105 und 160 PS sowie dem 105-PS-TDI – in den Handel. Das Mehrgewicht aber dämpfte das Temperament, VW reagierte darauf 2012 mit der Einführung eines offenen GTI mit 220-PS-Motor. 31.350 Euro wurden dafür aufgerufen, innerhalb der Golf-Palette war nur der Golf R teurer; doch auch das ließ sich noch toppen: 2013 kam das Cabriolet mit R-Technik. Wie stets, erschien zum Serienende 2016 eine Last-Edition-Version. Sie war auf GTI-Basis entstanden, auf 200 Exemplare limitiert und kostete mindestens 46.500 Euro.

Anfangs gab es das Cabrio mit 75, 90 und 115 PS; 1995 erfolgte die Einführung des TDI-Motors mit 90 PS, im November 1996 dann die des 110-PS-TDI auf Golf III-Basis. Im Bild das Sondermodell »Sport Edition« 1997.

Ins Kofferabteil passten 250 Liter (ein Eos schluckte 205, ein A3 260 Liter), die Kofferraumklappe fiel – das war wieder ganz der alte Golf – vergleichsweise schmal aus. Wie gehabt, verfügte das rund 200 Kilogramm schwerere Cabriolet über eine heizbare Heckscheibe aus Glas. Die Rücksitzlehnen waren mittig geteilt umklappbar.

Es gab kein Golf-IV-Cabrio, sondern nur einen geschickt aufgefrischten Golf III. Innen kamen neue Sitzbezüge, blau hinterleuchtete Instrumente, neue Bezüge und Isofix-Kindersitzbefestigungen. So ausgestattet, lief das Cabrio bis 2002.

Eine neue Front, glatte Stoßfänger, eine bis in den Stoßfänger reichende Heckklappe und ein VW-Logo anstelle des bisherigen Nummernschildfeldes hinten (die Nummer selbst rückte eine Etage tiefer in den Stoßfänger) – fertig war das Golf-IV-Cabrio.

Die Rückkehr des Cabrios 2011 wurde einhellig begrüßt. Der Vorderwagen stammte vom Golf VI, Radstand und Karosseriestruktur vom Audi A3 Cabriolet. Dank der automatisch herausschnellenden Stützen hinten, des stabil ausgelegten Windschutzscheibenrahmens und den zahlreichen Airbags inklusive Knie-Airbag für den Fahrer war der feststehende Überrollbügel entbehrlich.

Präsentiert 1979 zur IAA in Frankfurt, hatte der Jetta I den gleichen Radstand wie der Golf. Rechteckscheinwerfer samt Frontschürze unterstrichen die Eigenständigkeit der Konstruktion.

Eine Stufenheck-Limousine war beim Golf II schon von Anfang an mitentwickelt worden. Es gab sie mit fast allen Golf-Motoren, und sie agierte in den USA viel erfolgreicher als in Europa.

Die Limousine war 40 Zentimeter länger als ein Golf. Das verhalf ihr zu einem Gepäckraum von 630 Litern (VDA-Messung: 520 l). Es gab den Jetta mit zwei oder vier Türen, aber nicht als GTI.

JETTA / VENTO / BORA

Offen oder verlötet? Das wurde heiß diskutiert, und nach dem Vorbild des Golf-Cabriolets präsentierte Karmann auch einen Jetta-Prototypen in zeittypischem Beige. (Foto: © Kittler)

Raumwunder: Der Jetta I hatte schon mit seinem gigantischen Kofferraumvolumen gepunktet, der Jetta II übertraf ihn mit 550 Liter nach VDA-Norm sogar noch deutlich.

Da nicht in Basisausstattung verkauft, war der Vento nur mit in Wagenfarbe lackierten Stoßfängern zu haben. 1995 kam es zu einem leichten Facelift, zu erkennen an den Frontlamellen.

Der Vento war 4,38 Meter lang und überzeugte mit seinem riesigen Kofferraum mit 550 Litern Fassungsvermögen und klappbaren Rücksitzen. Ein hinterer Stabilisator war serienmäßig.

Jetta I (Typ 16)

Nachdem sich also der Golf als würdiger Käfer-Nachfolger erwiesen hatte, war die Zeit reif für ein Dreivolumen-Modell, das den (Kunst-)Namen »Jetta« erhielt (kein Wind wie die anderen Volkswagen der Neuzeit). Präsentiert 1979 zur IAA in Frankfurt, hatte der Rucksack-Golf den gleichen Radstand, aber eine um 40 Zentimeter gewachsene Außenlänge, was ihm zu einem Gepäckraum von 630 Litern (VDA-Messung: 520) verhalf. Rechteckscheinwerfer mit integrierten, herumgezogenen Spoilern und eine Frontschürze unterstrichen die Eigenständigkeit der Konstruktion, die technisch mit dem Golf identisch war. In einigen Märkten gab es auch eine zweitürige Version. Der Jetta hatte gegenüber einem 1100er-Fünftürer einen kleinen Gewichtsnachteil von rund 30 Kilogramm (trocken), die Testwerte unterschieden sich dennoch nur wenig. Obwohl der Jetta an der Hinterachse über einen Stabilisator verfügte, war das Fahrverhalten nicht ganz so tadellos wie beim Golf, was so ziemlich den einzigen Kritikpunkt der Tester darstellte – mal abgesehen von der Tatsache, dass die Beinfreiheit im Fond golfmäßig gering geblieben war.

Jetta II (Typ 19 / 1GE)

Ein neuer Jetta erschien im Februar 1984, er war, anders noch als der Vorgänger, von Anfang an zusammen mit dem Schrägheck-Golf entwickelt worden und nicht irgendwann hinterher. Erkennungszeichen der Stufenheck-Variante mit dem gigantischen Kofferraum waren, wie gehabt, die Breitbandscheinwerfer. Es gab einige weitere Karosserie-Retuschen, der Jetta war weiterhin mit den meisten Motorvarianten des Golf zu haben. So erhielt man den 1,8-Liter-Motor auf Wunsch mit Katalysator und KE-Jetronic (in die USA wurde der neue Jetta ausschließlich mit Kat geliefert); die Getriebeautomatik gab es später wahlweise. Ab Juli 1987 bot VW sogar eine syncro-Version des Jetta an, diese aber nur mit dem 1,8-Liter-Einspritzer, ebenso wie es auch einen Jetta mit dem 16V-Aggregat des GTI gab. Dann war dieser 196 km/h schnell; die USA-Version hatte einen 2,0-L-16V. Das Luxusmodell lief unter dem Namen »Carat«. Nach der Einführung des Golf III lief die Produktion des Jetta aus; sein Nachfolger von 1992 wurde im europäischen VW-Programm als »Vento« geführt, in den USA behielt man den Namen »Jetta« bei.

Jetta III / Vento (Typ 1H5)

Der Vento wurde 1992 als Nachfolger des Jetta vorgestellt. Es handelte sich um einen geräumigen Viertürer mit Stufenheck. Die Bandbreite der offerierten Motoren umfasste schon bei der Präsentation vier Benziner und zwei Diesel, 1993 kam ein Turbodieselmotor mit Direkteinspritzung (1,9 Liter, 90 PS) hinzu. Die Ausstattungsvarianten hießen CL, GL und GT und entsprachen damit denen im VW Golf. Der 1993er VW Vento CL 1,8 Liter kostete DM 25.960,– und lag damit genau zwischen den Modellen Golf und Passat. Auf den ersten Blick vom Vormodell zu unterscheiden war er durch den in Wagenfarbe lackierten Kühlergrill. In den USA wurde der Vento weiterhin als Jetta angeboten. Die Modellpflege 1996 bescherte dem Viertürer eine neue Frontgestaltung im Passat-Stil sowie eine Neuordnung der Modellpalette. Die Motoren-Offensive von Volkswagen führte zur Ausrüstung mit neuen Aggregaten, einem leistungsgesteigerten TDI mit 110 PS sowie einem 1,6-l-Vierzylinder mit Schaltsaugrohr und 100 PS. Somit standen für den Vento fünf Benziner sowie vier Diesel-Motoren mit und ohne Aufladung zur Verfügung. ABS war nun bei allen Modellen serienmäßig auch als VR6.

Jetta IV / Bora (Typ 1J5)

Der ab Spätjahr 1998 lieferbare Bora wirkte eigenständiger als jeder andere Stufenheck-Golf – auch wenn er in Radstand, Spurweite, Bereifung und Bodengruppe dem Golf IV entsprach. Von außen war eine Verwandtschaft mit dem Passat unverkennbar; das Cockpit dagegen stammte, abgesehen vom Lenkrad, aus dem Golf. ABS war bei allen Bora-Modellen serienmäßig, ebenso wie die Front- und

JETTA / VENTO / BORA

Seitenairbags, die Zentralverriegelung oder die vollverzinkte Karosserie. Auch den Golf-Kombi gab es als Edel-Kombi. Dieser unterschied sich nicht nur in der Optik vom profaneren Bruder, sondern auch in Details wie einem variablen Ladeboden mit zusätzlichen Staufächern unter dem Boden – und natürlich der Preisgestaltung: Das Spitzenmodell dieser Baureihe stellte zuerst der 2,3-Liter-VR5 dar, später wurde dazu parallel der 2,8-Liter-V6 angeboten. In Verbindung mit 4Motion-System kostete der Variant dann DM 52.950,–. In Europa war die Modellreihe (die in den USA weiterhin »Jetta« hieß) nie sonderlich erfolgreich. Die Produktion des Bora Variant endete mit Ablauf des Jahres 2004, die des Bora Limousine Mitte 2005. Die Bezeichnung Bora wurde in manchen Varianten auch weiterhin verwendet.

Jetta V (Typ 1K5)

Die fünfte Generation des Rucksack-Golfs hieß auch hierzulande nicht mehr länger Bora, sondern wurde in Europa ebenso wie in den USA als »Jetta« bezeichnet. Gebaut wurde das Modell, das in Deutschland nur eine Randerscheinung darstellte, in Puebla, Mexiko. Vor allem in der Heckansicht zeigten sich große Ähnlichkeiten mit dem Passat. Der Jetta, als tragende Säule des US-Geschäfts, wurde zuerst im März 2005 in US-Ausführung präsentiert, fünf Monate vor seinem Europa-Debüt. Neben den erwartbaren Produktverbesserungen, die denen des Golf entsprachen, gab es exklusiv für den US-Markt einen neuen 148 (US-)PS starken 2,5-Liter-Fünfzylinder anstelle des bisherigen 115 PS starken 2,0-Liter-Vierzylinders als Basismotorisierung. Den neuen V5 gabs nicht für Europa, er war »für nordamerikanische Fahrer« entwickelt worden und bot reichlich Drehmoment, 90 Prozent davon standen zwischen 1750 und 5125 Umdrehungen an. Der Variant hieß in den USA »Jetta SportWagen«.

Jetta VI (Typ NCS)

Der neue Jetta des Jahres 2010 war der erste, der keinerlei Blechteile mehr mit dem Golf gemeinsam hatte. Entwickelt als » New Compact Sedan«, sollte er endgültig aus dem langen Schatten des Golf heraustreten und die Lücke zum Passat schließen. Sein Radstand war mit 2648 Millimetern um 70 Millimeter länger als beim Golf. Auch wenn sie in der gleichen Fabrik in Puebla gebaut wurden, gab es große Unterschiede zwischen den für Europa und den für Amerika bestimmten Jettas, letztere vor allem mit Hinblick auf einen spitz kalkulierten Preis gebaut. Der europäische Jetta zum Beispiel wies die aufwändige Mehrlenker-Hinterachse des Golf auf, aber die US-Modelle bekamen eine speziell entwickelte günstigere Verbundlenker-Hinterachse und nicht die elektrische, sondern eine hydraulische Servolenkung, denn die war ebenfalls billiger. Außerdem war das Armaturenbrett der US-Versionen weniger wertig gehalten, auch das half, die Kosten zu reduzieren. Die Benzinmotoren des US-Jetta umfassten einen 2,0-Liter-Benziner (113 PS) und den 2,5-Liter-Fünfzylinder mit 170 PS.

Während ein Golf Hybrid in Europa zunächst nicht über die Erprobungsphase hinaus gedieh, startete Volkswagen Ende 2012 mit einem Benzin/Elektro-Jetta in den US-Markt, der zweite VW-Hybrid nach dem Touareg Hybrid. Ganz neu auf dem US-Markt, wirkte hier ein 150 PS starker 1,4-Liter-TSI-Benziner samt Siebengang-DSG mit einem parallel geschalteten 20-kW-Elektromotor zusammen. Die Systemleistung lag bei 170 PS; rein elektrisch konnte der Jetta maximal zwei Kilometer fahren. Der Wechsel zwischen Benzin- und Elektroantrieb erfolgte automatisch oder auch manuell; eine Rückgewinnung der Bremsenergie (Rekuperation) zur Aufladung des Akkus gehörte wie beim BlueMotion zum Konzept. Die Lithium-Ionen-Batterie saß hinter der Rücksitzbank. Es gab spezielle Instrumentenanzeigen und eine Kühlergrillblende mit Hybrid-Emblemen, aber ansonsten glich er einem normalen Jetta. Deutsche Kunden bekamen ihn ab April 2013; er war mit 31.300 Euro der bis dahin teuerste Jetta-Ableger.Die 2018 in Nordamerika vorgestellte 7. Generation des Jettas wird auch nur dort angeboten, in Europa ist sie offiziell nicht erhältlich.

Die fünfte Generation des Rucksack-Golf vom März 2005 hieß nicht mehr länger »Bora«, sondern wurde in Europa ebenso wie in den USA als »Jetta« bezeichnet. Gebaut wurde das Modell in Puebla, Mexiko.

Der Jetta feierte als Volkswagen New Compact Coupé (NCC) auf der North American International Auto Show in Detroit 2010 seine Premiere. 2012 folgte der Jetta mit Hybridantrieb als weitere Variante.

Während der Jetta hier weitgehend vergessen ist, sorgt er anderswo mächtig für Furore: Der GLI mit dem 2.0-Liter-TSI und 228 PS gilt als eine der besten Sportlimousinen, die man 2021 in den USA kaufen kann.

Die Jetta-Variante auf Golf IV-Basis hieß hierzulande »Bora« und steht für den letztendlich gescheiterten Versuch, mit dem Golf ins Premium-Segment vorzustoßen. Die allzugroße Nähe zum Organspender stand den Luxus-Ablegern aber im Wege, die Kunden waren nicht bereits, Aufpreise von 3000 oder mehr Mark zu bezahlen.

Alle Jetta seit 2010 werden von Anfang an als eigenständige Modelle für den chinesischen und den amerikanischen Markt entworfen. Die Verwandtschaft zum Golf ist aber unter dem Blech weiterhin gegeben, auch wenn es da große Unterschiede gibt. So wird beim Jetta die einfachere Verbundlenker-Hinterachse und die hydraulische Servolenkung (beim Golf elektrisch) verwendet. Gebaut werden die US-Modelle im mexikanischen Volkswagen-Werk Puebla.

VW SCIROCCO

Scirocco I (Typ 53)

Nach einem afrikanischen Wüstenwind benannt, gab der Scirocco im März 1974 seinen Einstand. Er stellte eine Sportvariante des Golf dar, der aber erst einige Wochen später präsentiert wurde, und hatte auch dessen Antriebskonzept: Quermotor und Vorderradantrieb. Das 2+2-Coupé mit großer Heckklappe galt als der Nachfolger des Karmann-Ghia; auch wurde seine Karosserie bei Karmann hergestellt. Zunächst gab es den Scirocco mit 85 PS, ab Oktober 1974 auch mit 50 und 70 PS. Insgesamt standen für den Scirocco im Laufe seiner Bauzeit mehr als ein Dutzend Motoren zur Verfügung, die sämtlich dem Golf- bzw. Passat-Programm entstammten. Das bei seiner Vorstellung für DM 11.020,– angebotene Coupé gab es in L- und in TS-Ausführung. 1975 wurde die Bremsanlage verbessert, 1976 kam eine GT-Version (GTi) mit einer großen Zahl von Extras hinzu.
Der Scirocco GTi von 1976 mit seinem 110 PS starken 1,6-Liter-Einspritzmotor hatte die Qualitäten eines echten Sportwagens. Serienmäßig war das Coupé mit Halogenscheinwerfern, Doppelhorn, Drehzahlmesser, Sportlenkrad und einer Mittelkonsole ausgestattet. Innenbelüftete Scheibenbremsen und Gürtelreifen gehörten ebenso zum Serienumfang wie vordere und hintere Stabilisatoren. Auffallend war auch der größere Bugspoiler. Der GTi kostete DM 16.931,–, die etwas luxuriöser ausgestattete Variante GLi (Metallic-Lackierung, Scheiben mit Bronzetönung) DM 17.637,–. In punkto Haltbarkeit von Mechanik und Karosserie erwies sich der Scirocco als typischer Volkswagen, auch die Preise für Ersatzteile bewegten sich auf entsprechendem Niveau. Eine Ausnahme bildeten die Karosserieteile, diese waren für den Sport-VW stets teurer. Der Scirocco von 1978 hatte größere Blinker.

Die Doppelscheinwerfer waren Kennzeichen der Topversion TS. Insgesamt gab es drei Motoren, vier Ausstattungen und zehn Außenfarben. (Foto: © Schwab / Slg. Kuch)

Der »White Cat« dürfte das bekannteste Sondermodell der zweiten Generation sein. Es wurde zwischen 1985 und 1986 angeboten und hatte weiß linierte Rückleuchten. Diese fanden sich auch beim Sondermodell »Scala«

Scirocco II (Typ 53B)

1981 erschien der Scirocco mit einer neuen Karosserie, deren gestrecktere Keilform dem Zeitgeist entsprach, aber auch ein größeres Raumangebot mit sich brachte. Stark betont war die später schwarz mattierte B-Säule, ebenso hatten die Radausschnitte schwarze Blenden an den Kanten. Kleine Unterschiede zeigten die Modelle je nach Motorisierung im Kühlergrill-Einsatz und im Markenemblem. Der 1981er Scirocco war in den Ausstattungsvarianten L, GL, GT, GLI und GTI zu bekommen, als GTX hatte er ab Juni 1985 den 1,8-Liter-16V-Motor. Er lief über 200 km/h. Ein auffälliger Heckspoiler saß bei diesem Modell quer über der hinteren Scheibe; alle anderen Ausstattungsmerkmale entsprachen denen der GT-Version. Ab 1989 war nur mehr der Scirocco GT mit 95 PS im Programm: Der elegantere Corrado lief ihm den Rang ab. Ab Anfang 1992 fiel der Scirocco aus dem VW-Programm. Der etwas pummelig geratene Scirocco II hatte nie an die Beliebtheit seines Vorgängers anknüpfen können, trotz seiner unbestreitbaren Vorzüge in Bezug auf Verarbeitung, Fahreigenschaften und Benzinverbrauch.

Der Cabrio-Umbau der Firma Autostyling Hornstein stammt aus dem Jahr 1991. Der Scirocco-II-Umbau wirkte recht professionell, kostete aber auch über 11.000 Mark. (Foto: Hornstein)

Der GTX 16V als Spitzenmodell der Baureihe hatte einen 1,8-Liter-Motor mit 139 PS. Er beschleunigte in 8,1 Sekunden auf 100 km/h, die Höchstgeschwindigkeit lag bei 208 km/h.

Ende 1975 kam im TS der neue 1,6-Liter-Motor mit 110 PS aus dem Golf GTI zum Einsatz. Entsprechend änderte sich auch die Ausstattungsbezeichnung: in Scirocco GTI.

Der erste Volkswagen, der ohne fremde Hilfe entwickelt worden war – also kein umgestrickter Audi wie der Passat und auch keine NSU-Entwicklung wie der K70 – brachte auf 3,85 Metern Länge zwei Erwachsene mehr als anständig unter. Mit ihm läutete Volkswagen die Golf-Ära ein, beide entstanden nach Giugiaro-Entwürfen. (Foto: © Kittler)

2013 lief, alle Generationen zusammen genommen, der millionste Scirocco vom Band. Volkswagen feierte diese Zahl mit einem Sondermodell und dem Einsatz beim 24-Stunden-Rennen auf dem Nürburgring. Neben dem Gruppe-2-Scirocco von 1980, der im Rahmenrennen bei den 24-Stunden-Classic an den Start ging (und gewann), fuhr beim Langstreckenrennen dann ein privat eingesetzter GT24 im »Million«-Design mit.

Die Scirocco-Käufer sollten laut Marketing-Sprech »Lifestyle-Trendsetter« sein. Jung, modern, kaufkräftig und statusorientiert – so sah für die Werber die Scirocco-Zielgruppe aus. Und die sollte »Modernste Technologie für das A-Segment« erhalten: »Kein Alltagsauto, aber alltagstauglich.«

VW SCIROCCO

TUNE IT! SAFE! ist eine vom Reifenhersteller Hankook unterstützte Initiative des Bundesverkehrsministeriums und des Verband der Automobil Tuner e.V. (VDAT), auch die Polizei unterstützt die Aktion. Der Startschuss für die überaus erfolgreiche Initiative erfolgte im November 2005 auf der Essen Motor Show. Show-Car des Jahres 2009 war der Scirocco. (Fotos: Tune it safe)

Der Scirocco nutzte die PQ35-Plattform des Golf V, war aber etwas länger, breiter und höher. Die Technik spendierte nicht mehr nur der Golf, sondern auch Passat, Tiguan und Touran. Motoren und Getriebe stammten ebenfalls aus dem Konzernbaukasten. An Motoren standen zunächst der 1,4-Liter-TSI mit 160 und der 2,0-Liter-TSI mit 200 PS zur Wahl, im Herbst 2008 folgte der 2-Liter-TDI-Diesel mit 140 PS. Die Produktion erfolgte in Portugal.

Scirocco III (Typ 13)

Der neue Scirocco, der seine Karriere 2006 als Studie namens »Iroc« begonnen hatte und 2008 dann in Serie ging, nutzte die PQ35-Plattform des Golf, was das Coupé zu einem brauchbaren Viersitzer machte. Es war ein wenig länger als ein Golf GTI, aber sechseinhalb Zentimeter niedriger. Das und die vorn um 29 und hinten um 62 Millimeter breitere Spur ließen ihn so dramatisch stämmiger wirken als seinen Organspender Golf. Dieses Konzept indes ließ es nicht zu, eine Variante mit 4Motion-System anzubieten, ansonsten waren so ziemlich alle Golf-Features auch für den in Portugal gebauten Scirocco zu haben. Die Innenausstattung hingegen wurde nahezu komplett aus dem VW Eos übernommen. Motoren und Getriebe stammten zunächst von den schnelleren Golf-Ausführungen, auch wenn die Leistungsangaben leicht differierten. Die Spitze des Angebots markierte zunächst der 200 PS (ab 2009: 211 PS) starke 2.0-Liter-TSI-Motor aus dem Golf V GTI, gefolgt von diversen Turbos und Twin-Turbos bis hin zum zahmen 122-PS-TSI mit 1,4 Litern als Einstiegsmotorisierung. Zeitgleich mit dem Golf R erschien 2009 auch eine R-Version des Scirocco (265 PS, Sechsgang-Schaltgetriebe, optional Sechsgang-Doppelkupplungsgetriebe), der die Basis bildete für die rund 235 PS starken Erdgas-Scirocco, mit denen die Volkswagen Motorsport zwischen 2010 und 2014 im Rahmen der DTM einen Markenpokal austrug.

Daneben gab es den Scirocco der dritten Generation aber auch mit Dieselmotoren: Zunächst war ein 2-Liter-TDI mit 140 PS erhältlich, ab 2009 gab es dann einen weiteren 2-Liter-TDI mit 170 PS, und 2013 wurde der 170-PS-Diesel dann durch den 177 PS starken TDI ersetzt, der unter anderem auch im Audi A4 Dienst tat. Nach sechsjähriger Bauzeit folgte das erste wesentliche Facelifting. Auf dem Genfer Salon im März 2014 zu sehen und an Retuschen im Front- und Heckbereich mit neuen Scheinwerfern und LED-Tagfahrlicht vom Vorgänger zu unterscheiden, rollte das Coupé mit sechs modifizierten Motoren, die jetzt die Abgasnorm Euro 6 erfüllten, seinem zweiten Frühling entgegen. Bei der Gelegenheit zwischen drei und 20 PS erstarkt, war der Verbrauch um knapp ein Fünftel gesunken. Ebenfalls neu an Bord: serienmäßige Zusatzinstrumente (Ladedruck, Stoppuhr, Motoröltemperatur) als Hommage an den Ur-Scirocco. Das Top-Modell der Baureihe hieß wieder Scirocco R.

Vom Scirocco gab es einige Sondermodelle, das erste war die auf 100 Stück limitierte »Collectors Edition« vom Juli 2009 in Oryxweiß, das bislang stärkste der auf der Automesse in Shanghai im April 2015 präsentierte GTS mit 220 PS starkem Turbo-Benzin-Direkteinspritzer und einer Höchstgeschwindigkeit von 246 km/h. Sein Erkennungsmerkmal war das GTS-Streifendesign.

Zum Modelljahr 2017 wurde die Produktion des Scirocco III wieder eingestellt. In Deutschland waren von ihm bis dahin gut 53.000 Exemplare zugelassen worden.

Zum Modelljahr 2014 fand eine tiefgreifende Modellpflege statt, zu erkennen unter anderem an der modifizierten Front- und Heckpartie, neuen Scheinwerfern und LED-Tagfahrlicht. Die Motoren wurden stärker und sauberer, der neue R brachte nun 280 PS.

VW CORRADO

Corrado (Typ 53i)

Das zweitürige Coupé mit Vorderradantrieb wurde im August 1988 eingeführt und war der erste echte VW-Sportwagen. Um dieses Sportcoupé rankten sich jede Menge Spekulationen, sodass sich Volkswagen dazu entschloss, vorab erste Bilder an die Öffentlichkeit zu geben, um die Neugierde der Medien zu befriedigen. Wie der Scirocco, so wurde auch der Corrado bei Karmann in Osnabrück gebaut. Im Vergleich zum Sportcoupé Scirocco wirkte der Corrado eleganter, weniger kantig, aber er entsprach wie jener der klassischen 2+2-Konfiguration, und er löste den Scirocco auch nicht ab. Der mit G-Lader bestückte 1,8-Liter-Motor (160 PS) war die zuerst angebotene Motorisierungsversion, einen 1,8-Liter-16-Ventiler mit 139 PS gab es ab Mitte 1989, und ein ebenfalls nicht aufgeladener 16-ventiliger Zweiliter (136 PS) folgte im Oktober 1991 – zeitgleich mit der stärksten Corrado-Variante, bestückt mit einem 2,9-Liter-VR6, der 190 PS leistete. Schließlich gab es ab Mitte 1993 noch einen braven 2-Liter mit 115 PS. Eine Vierstufen-Getriebeautomatik bot VW im Corrado bereits ab Januar 1991 an. Mit DM 42.500,– war der Corrado 1988 das teuerste Fahrzeug im Volkswagen-Angebot – und einer der besten Sportwagen überhaupt. »Der VW bietet den besten Kompromiss zwischen Sportlichkeit und Nutzwert. Überzeugend sind seine Fahreigenschaften und die Karosseriequalität. Allerdings ist der Preis zu hoch«, bilanzierte auto motor und sport in einem Vergleichstest 1990.

Fortlaufende Verbesserungen und Retuschen an der Karosserie hielten den Corrado up to date; zahlreiche Tuner boten zusätzliche Optimierungen an. Wesentliche Verbesserungen ergaben sich für das Modelljahr 1992. Das Tankvolumen stieg zu Lasten des Gepäckabteils auf 70 Liter, die Silhouette der Motorhaube änderte sich, es gab einen Grill mit breiteren Lamellen sowie Modifikationen an Instrumenten und der Schaltung. Der Corrado war für einen VW sehr gut ausgestattet, so gehörten unter anderem ABS, LM-Räder, höhenverstellbare Sportsitze, Nebelscheinwerfer, beheizte und elektrisch verstellbare Außenspiegel und eine Servolenkung zum Lieferumfang. Parallel dazu gab es weiterhin den VR6-Motor wie auch den 16 V, der G60 dagegen ging in Rente. Nach den Werksferien 1994 verschwand auch der 16 V von der Bildfläche, dafür aber war – gegen Aufpreis – der Corrado mit Airbags zu ordern. Am 16. Juni 1995 schließlich endete die Corrado-Produktion, die letzten Exemplare lieferte Karmann nach England: Die Ära der VW-Sportwagen war schon wieder zu Ende. In den knapp sieben Jahren Produktionszeit wurden vom Corrado gut 97.000 Exemplare hergestellt, rund 44.000 davon waren in Deutschland zugelassen worden.

Von Anfang an hatte der Corrado eine außerordentlich standfeste ABS-Bremsanlage und einen ausfahrbaren Spoiler, der den Auftrieb an der Hinterachse reduzierte.

Der Corrado G60 basierte auf dem Golf II. Ursprünglich als Scirocco-Nachfolger geplant, wurde das Coupé letztlich oberhalb des Volks-Sportlers positioniert.

Der Corrado-Kombi (»Magnum«) war eine Entwicklung von Marold in Osnabrück und wurde von Design & Technik in Hamburg gebaut. Geplant war eine Auflage von 100 Stück, entstanden sind aber nur Zwei Exemplare. (Foto: © Hersteller)

Zender zeigte erst auf dem Genfer Salon, dann auf der IAA 1989 ein Corrado-Cabrio. Den Wegfall des Daches kompensierte der Veredler durch die Versteifung der Bodengruppe durch Carbon. (Foto: © Zender)

Gestartet mit dem G60-Motor, umfasste im Modelljahr 1992 das Corrado-Programm die Ausführungen 16V, G60 Jet und VR6. Der günstigste kostete laut Liste 41.475 Mark, der teuerste 49.790 Mark. Kärglichst ausgestattet waren sie alle, elektrische Fensterheber gab es nur beim Sechszylinder, bei den anderen verteuerte sich die Rechnung um 630 Mark. Solche Goodies waren bei den Japanern längst schon serienmäßig.

Im Volkswagen-Designstudio in Simi Valley, entstand der Entwurf zum »New Beetle«. Die »Industrial Designer Society of America« verlieh dafür den Preis »Design des Jahrzehnts«

Der ab 1998 in Serie gebaute New Beetle nutzte den Golf-Baukasten und sollte formal an glorreiche Käfer-Zeiten erinnern. Der Erfolg hierzulande hielt sich in engen Grenzen.

Das Cabriolet startete 2003. Er war als Zweitwagen wesentlich gefragter als die mühsam zum Kult erklärte Kugel. VW selbst betrachtete es als wesentlichen Bestandteil ihrer Strategie, die Marke emotionaler aufzuladen. Das gelang damit allerdings nur bedingt, brachte aber einige schöne Sondermodelle hervor wie den »Dark Flint« von 2005, gebaut in einer Auflage von 250 Stück.

Die Markteinführung erfolgte in Europa 1999. Insbesondere die deutschen Käufer reagierten zurückhaltend, der in Mexiko gebaute »New Beetle« war deutlich teurer als ein Golf, aber wesentlich unpraktischer.

New Beetle (Typ 9c)

Die Geschichte des New Beetle begann im September 1992 auf den CAD-Bildschirmen des kalifornischen VW-Designstudios. Im Mai 1993 waren die ersten 1:4-Modelle fertig, im Januar 1994 sorgte das Käfer-Revival als Concept 1 – damals noch auf Polo-Plattform – auf der Motor Show in Detroit für Aufsehen. Es folgten Auftritte in Genf und Tokio, in Genf 1996 hieß der Wagen, nunmehr auf Golf-IV-Basis, erstmals offiziell New Beetle. Zwei Jahre später wurde der in Mexiko gebaute Golf im Käfer-Outfit in den USA eingeführt, im September 1998 fand er den Weg nach Europa. Der Absatz des so ganz anderen Golf blieb in Europa hinter den Erwartungen zurück, was die Tester in erster Linie auf die stolze Preisgestaltung zurückführten; der geschlossene Beetle kostete mindestens DM 34.950,–. So blieb der Retro-Käfer ein Nischenprodukt, da änderte auch die Modellpflege für 2006 nichts, die flachere Kotflügel, neu geformte Stoßfänger und ovale Klarglas-Scheinwerfer brachte. Der New Beetle lief 2010 aus.

Der 250 Mal zusammengesetzte New Beetle RSi mit dem VR6-Motor, Allradantrieb und 225 PS war der spektakulärste und mit knapp DM 128.000,- auch der teuerste Golf-Ableger.

New Beetle RSi (Typ 1Y)

Auf dem Genfer Salon 1999 zeigte Volkswagen eine Sportwagen-Studie auf Basis des New Beetle, dem im folgenden Jahr eine entsprechende Serienvariante folgte: der mit Kotflügelverbreiterungen und üppigem Spoilerwerk ausgestattete New Beetle RSi. Er wurde in einer Auflage von 250 Exemplaren gebaut und verfügte über den bekannten VR6-Sechszylinder mit 2,8 Litern, dessen Hubraum für den Einsatz im Super-Käfer auf 3,2 Liter aufgestockt worden war. Die Kraft des bei 6200/min 224 PS starken VR6 übertrugen ein Sechsgang-Schaltgetriebe und das Allradsystem 4Motion mit Haldexkupplung auf die stämmigen 235er-Niederquerschnittsreifen. Im Innenraum setzten mit Leder bezogene Recaros, Carbon-Applikationen und Aluteile sportliche Akzente. Der 225 km/h schnelle Maxi-Käfer beschleunigte in 6,4 Sekunden zur 100-km/h-Marke und kostete (wahrhaft stolze) 135.930 Mark.

New Beetle Cabrio (Typ 1Y)

Wesentlich häufiger als den geschlossenen Beetle bekam man hierzulande das Cabriolet mit dem VW-typischen Verdeckrucksack, der hinten aufliegenden Stoffmütze, zu sehen. Dafür zeichnete aber nicht mehr Karmann, sondern das Werk in Mexiko verantwortlich. Optional gab es eine elektrische Verdeckbetätigung, dann war der Beetle in 13 Sekunden bloßgelegt. Der Überrollbügel war entbehrlich, hinter den Rücksitzen schnellten, für den Fall der Fälle, Schutzprofile hoch. ABS, ESP und vier Airbags waren wie bei der Limousine serienmäßig. Cabriotypisch fiel der Kofferraum mit 201 Litern klein aus; allerdings erleichterte eine Durchreiche den Transport von bis zu 190 cm langem Sperrgut. Von Anfang an (und dann auch beim geschlossenen Beetle zu haben) waren die in die Seitenspiegel integrierten Blinker im Cabrio Standard. Unter der Haube gab es anfangs drei Benziner, mit 75, 102 und 115 PS; später folgten weitere Motorisierungen inklusive des 100-PS-TDI. Die Preise begannen für das ab 2003 lieferbare Cabriolet bei 19.750 Euro.

Der New Beetle blieb bis 2010 in Produktion und durchlief 2005 nur ein leichtes Facelift. Es gab zahlreiche Sondermodelle, etwa den »United« von 2007.

VW BEETLE

The Beetle (Typ 5C)

Alles beim Alten und doch ganz neu, so lautete in Kurzform die Geschichte des Beetle, der 2011 die Nachfolge des New Beetle antrat. Wie dieser sollte der in Mexiko produzierte Beetle die Käfer-Legende wieder aufleben lassen, allerdings konsequenter, energischer, sportlicher: Der wollte mehr sein als nur nett und knuffig. Der Retro-»Käfer« (diesen Chrom-Schriftzug gab es für 50 Euro extra als Option) basierte auf dem Golf VI und wirkte insgesamt deutlich stimmiger als sein direkter Vorgänger, so etwa durch die steiler stehende A-Säule und die veränderte Sitzposition, die den Fahrer näher ans Geschehen rücken ließ und nicht ratlos vor den Weiten des Armaturenbretts zurückließ. Allerdings hatte der Golf-Klon wesentlich an Statur gewonnen, mit einer Länge von fast 4,30 m und einer Breite von 1,81 m – ohne Spiegel, mit waren es 2,02 m – mussten die Parklücken schon deutlich größer sein als noch beim New Beetle. Wobei: Unübersichtlich waren sie beide, der Parkpilot (der Front- und Heckbereich überwachte) war in jedem Fall empfehlenswert, noch besser in Kombination mit der ab 2014 lieferbaren Rückfahrkamera, die das 2016er Sondermodell »Allstar« serienmäßig mitbrachte. Seit dieser Zeit erfüllen alle Motoren Euro 6, der Steuerketten-Ärger der TSI-Motoren sollte von nun an der Vergangenheit angehören.

The Beetle Cabrio (Typ 5C)

Neben dem Beetle Coupé gab es den Viersitzer wiederum als Cabriolet – nach Meinung nicht weniger Tester die beste Möglichkeit, einen Beetle zu fahren. Die Betätigung des Stoffverdecks erfolgte elektrisch, die Fertigung, wie auch schon beim Vorgänger, war Sache der mexikanischen VW-Werker. Der Verzicht auf das Stahldach erhöhte das Gewicht um knapp 80 Kilogramm und kostete jede Menge Kofferraum: Standen beim Coupé mit weit zu öffnender Heckklappe zwischen 310 bis 905 Liter Stauraum zur Verfügung, passten durch die Mini-Ladeluke des Cabrios maximal 225 Liter, und wenn die optionale Fender-Edition gewählt wurde, verlor der Viersitzer auch den Platz in der Reserveradmulde. Coupé wie Cabriolet gab es ab Frühsommer 2016 auch als »Dune« mit angedeuteter Offroad-Optik und höherer Bodenfreiheit, um so »die Brücke zu den legendären Dune Buggies der 60er und 70er Jahre« zu schlagen, wie das Werk mitteilte. Die Auslieferung begann zu Preisen ab 26.500 Euro. Der Beetle erhielt für das Modelljahr 2017 ein mildes Facelift mit flacheren Stoßfängern und weiteren, nur Eingeweihten ersichtlichen Verfeinerungen. Im Juli 2019 lief die Produktion des Beetle in Mexiko aus, nach Deutschland waren das Coupé schon seit April 2017 und das Cabriolet seit März 2018 nicht mehr importiert worden.

Der New Beetle erhielt einen Nachfolger auf Golf VI-Basis, wie auch der Scirocco. Nachdem der Golf-Klon nun nicht mehr New Beetle heißen konnte, nannten ihn die Marketing-Strategen »The Beetle«.

Wie beim New Beetle war das Cabriolet stets wesentlich beliebter als die Limousine, daher endete der Europa-Import für den geschlossenen Beetle schon 2017, das Cabriolet wurde erst 2018 aus dem Programm gestrichen. Weltweit war 2019 mit der »Final Edition« Schluss, präsentiert bei der LA Motor Show. Als Coupe und als Cabrio, ausschließlich in Beige oder Hellblau.

Nach dem Facelift rückte 2016 mit dem Dune eine neue Ausstattungslinie ins Modellprogramm. Sie wirkte deutlich rustikaler und kostete mehr, war aber technisch identisch.

Der in einer Auflage von 3500 Exemplaren 2014 aufgelegte Beetle GSR sollte an den legendären »Gelbschwarzen Renner« von 1973 erinnern. Das Sondermodell verfügte über die Spitzenmotorisierung, den 2.0-Liter-TSI mit 155 kW/210 PS.

Von den höheren Golf-Versionen übernahm der Beetle die hoch gelobte Vierlenker-Hinterachse; die Topmodelle mit 160 und 220 PS hatten zusätzlich das Quer-Sperrdifferential XDS an der Vorderachse.

Gebaut wurde er zwischen 2012 und 2019 in Mexiko, mit einem leichten Facelift zum Modelljahr 2017 (Bild). Die Unterschiede waren gering und lediglich an der Frontschürze auszumachen.

VW PASSAT

Herzstück des Oberklasse-Passat war der clevere, sehr kompakte Vierliter-Achtzylinder – zwei V4-Motoren, W-förmig angeordnet – mit einer Leistung von 275 PS und einem maximalen Drehmoment von 370 Nm bei 2750/min. Seine Höchstgeschwindigkeit lag bei 250 km/h. Zur Serienausstattung des ab der zweiten Jahreshälfte als Limousine und Variant angebotenen Topmodells gehörte der Allradantrieb 4Motion. Von außen war der neue Passat W8 unter anderem an zwei verchromten Doppelendrohren der Auspuffanlage, zusätzlichen Chromleisten, den serienmäßigen Bi-Xenonscheinwerfern und den 17-Zoll-Leichtmetallfelgen zu erkennen. Auch innen ging es feiner zu, und ab 2003 bot der W8 sogar mobilen Internetanschluss. Zur Ausstattung gehörten Kopfairbags, Chrom, Edelholz und Leder, Bordcomputer und eine Climatronic. Der W8 kostete DM 79.602,28 bzw. DM 81.851,49 (Variant).

Nachdem der W8 2004 eingestellt worden war, bildete der 2006 eingeführte R36 mit 3.2-Liter-Sechzylinder und 300 PS das Aushängeschild der Modellfamilie. Es gab ihn auch mit Stufenheck.

Passat VI (Typ 3C)

Sowohl in Deutschland als auch auf den Exportmärkten wie etwa den USA hatte der Passat ein ausgesprochen positives Image. Allerdings war er nicht mehr taufrisch, und daher erschien im März 2005 die sechste Auflage – diesmal wirklich flammneu und mit 4,77 m auch deutlich stattlicher als die Vorgänger-Baureihe B4/B5. Einmal mehr auch reklamierte Volkswagen für seine Neuerscheinung Verbesserungen der sichtbaren und unsichtbaren Natur, wie sollte es auch anders sein bei einem von Grund auf neu entwickelten Wagen: Fahrwerk (neue Vierlenkerhinterachse mit Alukomponenten, minus 13,3 kg), Torsionssteifigkeit (plus 59 %), Motoreinbaulage (quer), Kofferraumvolumen 565 Liter (plus 90 l), Design mit Chromwappen und den die Stoßfänger ausbeulenden Scheinwerfern (neues Markengesicht für die zweite Hälfte der 2000er Jahre), Ambiente – alles neu, vieles schöner, meistens besser, manchmal einfacher (Federbeine vorn statt Mehrlenker) und leider auch mal schlechter (Verarbeitung, Lackierung). Unter der Haube saßen vier neue FSI-Ottomotoren mit 115, 150, 200 und 250 PS; Einstiegsmotorisierung bildete der bekannte 1,6-Liter mit 102 PS. Weitaus öfter verkauft wurden die drei TDI mit 105, 140 und 170 PS, letzterer ein 2,0-Liter-Pumpe-Düse-Aggregat, das dann auch mit Doppelkupplungsgetriebe DSG zu haben war.

Ein halbes Jahr nach der Limousine erfolgte der Serienanlauf des Kombis, der gegenüber seinem Vorgänger bis zu 131 Liter mehr Kofferraumvolumen (603 bis 1731 Liter) bot. Zu haben war der Variant wie die Limousine in den vier Ausstattungslinien Trendline, Comfortline, Sportline und Highline. Zwar brachte schon die Basis-Ausführung Klimaanlage, ESP, sechs Airbags und eine Zentralverriegelung mit, doch gehörte die Trendline-Ausführung definitiv nicht zu Vielfahrers Lieblingen, weil diverse Selbstverständlichkeiten wie eine Klimaautomatik oder genügend Ablagetaschen, die vordere Mittelarmlehne oder eine Gepäckraumdurchreiche erst ab Comfortline aufwärts zu haben waren. Einen Partikelfilter hatte nur der Pumpe-Düse-TDI. Topmodell war der 300 PS starke R36 von 2008, zu haben als Limousine wie als Kombi.

Passat VII (Typ 3C)

Die Kunden erwarteten bei der Passat-Neuauflage eigentlich die übliche Weiterentwicklung eines Autos, das trotz hervorragender Qualitäten – und davon gab es jede Menge – keinen Enthusiasten in Begeisterung versetzte. Der B7-Passat aber war eine ganz andere Nummer und erinnerte an den Phaeton. Der war zwar kein Bestseller, aber ein richtig gutes Auto, und als genau ein solches entpuppte sich auch der Passat – minus der horrenden Unterhaltskosten, die beim Phaeton den Spaß verdarben. Wobei: So ganz richtig neu war der Passat ja nicht, eigentlich handelte es sich bei ihm um einen auf Hochglanz polierten B6; Abmessungen und Türausschnitte zum Beispiel blieben gleich. Dafür wurden andere, weniger konstruktionsbedingende Parameter geändert: Die Optik – verantwortlich dafür Klaus Bischoff – war komplett neu, Materialanmutung, Fahrkomfort und Ausstattung

2012 gesellte sich ein mit Allradantrieb und allerlei Offroad-Zierrat versehener Allrad-Variant namens »Alltrack« hinzu, zu haben mit zwei TSI-Benziner (118 kW / 155 kW) sowie zwei TDI-Motoren mit 103 und 125 kW (140 / 170 PS).

Mit Einführung der sechsten Generation im Mai 2005 wurden die Motoren wieder quer verbaut. Anders als beim Vorgänger handelte es hier um eine Neukonstruktion. Die Einführung des Variant erfolgte wieder zeitversetzt ein halbes Jahr nach der Limousine.

Der Passat der nächsten Generation war ein umfassend überarbeiteter Passat B6. Die internationale Fahrvorstellung erfolgte im Oktober 2010 in Barcelona. Optisch orientierte er sich am Phaeton. Vom Start weg stand der Passat mit zehn Motoren im Angebot, die Palette reichte von 77 kW /105 PS bis 220 kW / 300 PS. Die Ausstattungslinien hießen Trendline, Comfortline und Highline, ab 2011 war auch die R-Line-Option erhältlich. Diese Limousine trägt das Exterieur-Paket

VW SANTANA

Santana (Typ 32B)

Beim Santana handelte es sich um die im September 1981 vorgestellte viertürige Stufenheck-Limousine mit Vorderradantrieb auf der Basis des VW Passat. Angeboten wurde der geräumige Santana mit Vier- oder Fünfzylinder-Benzinmotoren, man erhielt ihn auch mit einem Vierzylinder-Diesel. Basis-Motorisierung bildete ein 1,3-l-Motor mit 60 PS, der allerdings mit der schweren Limousine viel Mühe hatte. Am besten, so die Meinung der Tester, passte der 1,8-l-Vierzylinder mit 90 PS zum Santana. Die Ausstattungsvarianten figurierten unter CX, LX, GX, die Preise bewegten sich 1984 zwischen DM 18.040,– und 27.530,–. Ab Februar 1985 war der Santana baugleich mit dem Passat; die Modellbezeichnung »Santana« behielt VW von jetzt an nur für den spanischen und japanischen Markt (Lizenzproduktion bei Nissan) bei. In den USA verkaufte VW den gleichen Wagen unter dem Namen »Quantum«, den größten Erfolg hatte der Santana aber in China, wo er in Lizenz bis 2014 gebaut wurde.
Auch in Brasilien, Mexiko, Argentinien, Namibia und Südafrika sowie in Belgien lief der Santana vom Band.

Der in Deutschland nie so recht geschätzte Stufenheck-Passat entwickelte sich zu einem weltweiten Erfolgsmodell und wurde drei Jahrzehnte lang gebaut. Er wurde hierzulande zunächst nur als CL und GL (ab 1983 LX und GX) verkauft, ab 1984 zusätzlich als Basis-Modell CX.

Von Anfang an war der Santana ein gewaltiger Erfolg, er prägte über Jahrzehnte Chinas Straßenbild: Der Santana ist allgegenwärtig. Das obere Foto entstand 2017 und zeigt einen Santana 3000 der Polizei Chengdu, das untere von 2012 ein Taxi in Shanghai.
(Fotos: © Omniae / Jason Vogel, cc-by-sa)

Als erster ausländischer Automobilhersteller schloss Volkswagen 1984 einen Joint-Venture-Vertrag mit Gründung der »Shanghai-Volkswagen Automotive Company«. Ein Jahr später rollte der Santana in China vom Band. 1995 folgte mit dem Santana 2000 eine zweite Modellreihe, die ihrerseits 2004 vom Santana 3000 abgelöst wurde

Nach 1985 wurde aus dem Santana der Passat mit Stufenheck. Als Gebrauchter fristete er aber, unter welchem Namen auch immer, stets ein Mauerblümchendasein. Doch wer eine günstige Familienkutsche suchte, hatte ihn zwangsläufig auf dem Zettel: Viel Auto für's Geld.

Von 1984 bis 1990 entstand die Limousine im Nissan-Werk Zama; nur Antriebstrang und Lenkung stammten aus Deutschland. Verkauft wurde er über Nissan- wie auch VW-Händler. Das Sondermodell »Autobahn« hatte einen 2.0 DOHC-20V-Motor mit 103 kW / 140 PS.

Der Santana war das Flaggschiff im VW-Modellprogramm der frühen Achtziger. Daher hat man ihn zunächst nur in den gehobenen Ausstattungslinien angeboten. Die Form des Kühlergrills sowie andere Scheinwerfer machten den Unterschied zum Passat, auch gab es etwas mehr Chrom. Das Motorenangebot umfasste 1.6-Liter-Vierzylinder mit 75 und 85 PS (55 / 60 kW), den Fünfzylinder mit 1.9 Liter und 85 kW / 115 PS sowie einen 40 kW / 54 PS starken 1.6 Liter Diesel. Weitere Motoren folgten.

In Brasilien wurde der Santana von 1984 bis 2006 mit zwei und mit vier Türen sowie als Variant gebaut. Er etablierte die Marke in der oberen Mittelklasse.

VW TOURAN

Touran I (Typ 1T)

Nichts Neues bei VW: Lange zugucken, was die Konkurrenz so macht, sich endlich selber ans Reißbrett bequemen und dann das Feld von hinten aufrollen: So geschehen auch beim Touran, der am 14. März 2003 im Minivan-Segment mitmischte. Der künftige »Top-Seller in seiner Klasse«, so der damalige Vertriebsvorstand bei der Premiere, brachte alles mit, was ein Siegertyp so braucht: sehr geräumige Karosserie, neues Fahrwerk mit McPherson-Vorderachse und Golf-V-Mehrlenker-Hinterachse sowie ein ausgesprochen variables Sitzkonzept – der perfekte Kombi für so ziemlich Alles und Jeden. Und tatsächlich: Der Touran wurde zum Top-Seller, von 2004 bis 2011 war er das meistverkaufte Auto seiner Klasse. Gut, Design war seine Stärke nicht, doch die Straße war voll von hübschen, aber nicht so gelungenen Autos. Also alles richtig gemacht, wenn auch »weniger durch herausragende Einzelstärken als durch die Summe seiner positiven Eigenschaften«, wie mehr als ein Tester feststellen musste. Der Van ging in drei Ausstattungen (Conceptline, Trendline und Highline) mit zunächst einem FSI- und zwei TDI-Motoren an den Start, eine Sechsgang-Handschaltung war serienmäßig, das DSG optional auch für den TDI zu haben. Die neuartige elektromechanische Servolenkung war von Anfang an mit an Bord, Ende 2006 gab es eine erste sogenannte »Große Produktaufwertung«, in deren Zuge unter anderem Frontpartie und Heckleuchten geändert und die Motorenpalette um einen 1,4-Liter-TSI mit 170 PS erweitert wurde, der auch schon im Golf GT Dienst tat. Ein weiteres großes Facelift gab es 2010, die Basisausführung hieß nun Trend-, die mittlere Comfortline, und die Motorenpalette umfasste nur noch TSI- und Common-Rail-TDI-Aggregate. Basismotorisierung war ein 1,2-Liter-TSI mit 105 PS, der erste in einem Touran mit Blue-Motion-Technologie. Vom Touran I entstanden insgesamt rund 1,9 Millionen Exemplare.

Touran II (Typ 5T)

Im März 2015 stand der Touran II in Genf: Schöner, größer (13 cm länger und 3 cm breiter) und wertiger. Die technische Basis war mit dem MQB ebenso neu wie die Optik im Sportsvan-Stil, was bekanntermaßen nicht von Nachteil war. Die Platzverhältnisse, bislang schon gut, waren nachgerade üppig, denn der Radstand erreichte Passat-Dimensionen. Clever gelöst hatte VW die Sache mit den Sitzen: Das Sitzorigami, das drei Einzelsitze der zweiten Sitzreihe und die zwei ebenfalls als Einzelsitze ausgelegten Fondplätze der dritten Sitzreihe umfasste, führte zu einer ebenen Ladefläche mit maximal 1980 Litern Volumen, das Klappkunstwerk gelang binnen Sekunden. Dazu gab es 47 Ablagen und optional auch eine Drei-Zonen-Klimaautomatik.

Die zunächst drei Ausstattungslinien hießen noch ebenso wie die des Vorgängers nach dem letzten Facelift, die Trendline allerdings war in Deutschland ab 2019 nicht mehr erhältlich. Die Comfortline rollte serienmäßig mit Leichtmetallrädern und Dachreling aus dem Verkaufsraum, die Highline-Variante verfügte zusätzlich unter anderem über LED-Scheinwerfer ab Werk.

Die Antriebspalette umfasste zunächst je drei Benziner und Diesel von 110 bis 190 PS, Ende 2020 gab es dann nur noch einen Benzinmotor (1,5 Liter, 150 PS) und zwei Diesel (2,0-l-TDI mit 122 bzw. 150 PS). Start-Stopp-System und Bremsenergierückgewinnung waren überall Serie, ebenso das Touchscreen-Radio und die Klimaanlage. Multikollisionsbremse, ACC und City-Notbremsfunktion waren optional, ebenso der Stauassistent, der schon vom Passat her bekannte Anhänger-Rangierassistent und die per Fußbewegung zu öffnende Heckklappe. Die Auslieferung begann Ende September, und die Testberichte waren beeindruckend: »Das Platzangebot und die Fahrwerksqualität dürfte in dieser Klasse derzeit niemand erreichen«, lobte Autobild und benannte auch gleich das größte Manko: »Nur die Preise, die wünschen wir uns volksnäher.«

Der Touran von 2003 stellte den ersten Versuch von Volkswagen dar, in den boomenden Minivan-Markt einzusteigen. Und wie so oft: Nach spätem Start rollte VW in Bezug auf die Zulassungszahlen das Feld von hinten auf, Generation I brachte es auf 650.000 Fahrzeuge.

Touran Nummer 3 lief von 2010 bis 2015. Auch hier beschränkte sich die Modellpflege auf die Überarbeitung von Front und Heck. Oft zu sehen ist der Touran als »Gelber Engel«: Sitzkonzept und Raumangebot sind überzeugend, und wenn es zu einer (gar nicht so seltenen) Panne kommt, kann sich der ADAC-Mann selbst helfen. (Foto: ©Kittler)

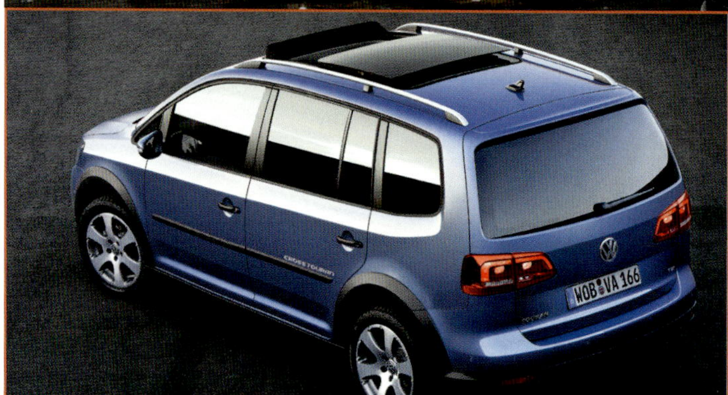

Der Cross Touran, seit der 2006 erhältlich, lehnte sich zwar optisch an einen SUV an, war aber – technisch gesehen – ein Golf. Hier ein Touran in Vollausstattung, wie er zwischen 2010 und 2015 angeboten wurde.

2006 kam es zu einem großen Facelift, der Touran wurde bei dieser Gelegenheit auf die aktuelle Familienoptik getrimmt. Dazu kamen neue Motoren aus dem Konzernregal.

Volkswagen bot den Touran zwischen 2006 und 2010 auch mit Erdgasantrieb an. Allerdings mussten bei allen EcoFuel-Touran im Rahmen einer Rückrufaktion die Druckgasflaschen ausgetauscht werden.

Nach 1,9 Millionen Exemplaren feierte im Februar 2015 ein komplett neuer Touran Weltpremiere. MQB-basiert, hatte er eine ganze Armada progressiver Assistenzsysteme an Bord und optional das »Car-Net Cam-Connect«. Damit konnten Eltern vorn per Monitor sehen, was sich auf den hinteren Sitzbankreihen abspielte – und per Mikro eingreifen…

VW SHARAN

Gemeinschaftswerk: Der Sharan entstand zusammen mit dem Ford Galaxy und dem Seat Alhambra im portugiesischen Werk Palmela.

Sharan I (Typ 7M)

Gemeinsam entwickelt, wurden die Zwillinge aus Volkswagens erstem Gemeinschaftsprojekt mit Ford im Frühjahr 1995 präsentiert, und für deren Produktion errichteten die stolzen Eltern in Palmela/Portugal ein gemeinsames Werk, das später auch noch Platz bot für den Dritten im Bunde, den Seat Alhambra. Die Wolfsburger zeichneten dabei für die Sharan-Konstruktion verantwortlich, Ford prägte das Design und steuerte Materialbeschaffung, Produktion und Logistik. Ford Galaxy und VW Sharan unterschieden sich vor allem im Front- und Heckbereich voneinander, ferner bei den Rädern und in einigen Einrichtungs- und Ausstattungsdetails. Ford verwendete überdies einen eigenen 2,0-Liter-Motor, während andere Motoren aus dem VW-Programm stammten. Die neue Fabrik war auf eine Kapazität von 180.000 Fahrzeugen ausgelegt. Deutschlands erste Großraumlimousine im »One-Box-Design« bot einen hervorragenden cW-Wert von 0,33 und gehörte damit zu den aerodynamisch günstigsten Fahrzeugen. Auf einer Gesamtlänge von 4,62 m bot der Sharan fünf bis sieben Personen Platz.

Mit seinem querliegenden Frontmotor galt der Sharan als fahraktives Auto mit jeder Menge Platz. Ohne zweite und dritte Sitzreihe hatte der Laderaum ein Volumen von 3550 Litern, als Fünfsitzer fasste er immer noch gut 850 Liter Gepäck. Bei voller Bestuhlung (die beiden Sitze der dritten Reihe waren je nach Ausstattung aufpreispflichtig) bot er allerdings nur 256 Liter, und das war Kleinwagen-Niveau. Was Tester wie Käufer gleichermaßen begeisterte, waren die Variabilität der Großraum-Limousine und das Platzangebot für die Familie, sofern die beiden hinteren Sitze ausgebaut worden waren. Diese allerdings aus dem Wagen zu hieven, zehrte an den Kräften, das Gestühl war unhandlich und schwer.

Die Basismotorisierung bildete der bekannte 2,0-l-Vierzylinder mit 115 PS, die Top-Motorisierung mit 2,8 Litern Hubraum gab es im Sharan VR6; im Oktober 1996 folgte der 4x4 syncro mit VR6 und Getriebeautomatik. Der 174 PS starke Allrad-VW beschleunigte in rund 13 s von 0 auf 100 km/h, die Spitzengeschwindigkeit lag bei 195 km/h. Klimaautomatik, Sitz- und Frontscheibenheizung kosteten aber extra.

Nachdem sich die Partner VW und Ford zusehends auseinandergelebt hatten, betonten die ab Mai 2000 ausgelieferten neuen Generationen die jeweiligen Unterschiede noch mehr. Allerdings handelte es sich beim neuen Sharan nicht um eine komplette Neukonstruktion, sondern lediglich um ein umfangreiches Facelifting. 62 Prozent aller Teile, so VW, seien verändert worden. Das neue Gesicht mit den Klarglas-Scheinwerfern betonte die Familienähnlichkeit mit Bora und Passat, auch war das Heckfenster größer geworden. Zunächst in fünf Motorisierungsstufen lieferbar, drei Otto- (2,0 l, 1,8 l und 2,8-l-V6) sowie zwei Dieselmotoren (1,9 TDI und 1,9 TDI mit Pumpe-Düse), ergänzte ab 2001 der TDI mit 150 PS das Angebot. Sukzessive erfolgte die Einführung der 4Motion-Modelle, wobei das V6-Spitzenmodell serienmäßig mit Sechsgang-Getriebe (vorher: Automatik) ausgerüstet wurde. 2004 folgte eine weitere Modellpflege, 2008 gabs für die letzte Runde einen in Chrom gefassten Kühlergrill und neue Rückleuchten.

In seinen letzten Baujahren tat sich nicht mehr viel in Sachen Sharan: Einige Sondermodelle (wie links der »Exclusive« von 2008)und zwei neue Motoren, nämlich der 140 PS-TDI mit Partikelfilter (2005) und die Autogas-Version (LPG) von 2006 – das war's dann auch schon.

Die Vans unterschieden sich optisch kaum und waren auch technisch identisch. Zur Auswahl standen zunächst ein 2.0 Liter-Ford-Motor, der 2.8-Liter-VR6 und ein 1.9-Liter TDI.

Das Sharan-Sondermodell »Goal« erschien zur Fußball-EM 2004. Außen gab es 16-Zoll-LM-Räder, eine verchromte Dachreling und elf mögliche Sonderlackierungen, innen ein Lederlenkrad, CD-Radio, Climatronic und eine Kühlbox.

Bis zum Modelljahr 2000 wirkte der Sharan nicht sonderlich wertig verarbeitet, erst die von 2000 bis 2004 (Bild) produzierten Modelle waren von besserer Qualität. Bei dieser ersten größeren Modellpflege wurden rund 62 % aller Teile verändert, dazu kamen neue Motoren. Ford und VW rückten auch optisch stärker auseinander. Die ab 2004 gebauten VW-Vans galten dann als ausgereift und gut verarbeitet.

Die zweite Sharan-Generation erschien 2010. Sie basierte auf dem Passat B6. Hier stimmte die Verarbeitung von Anfang an, kein Vergleich mehr zum zickigen Vorgänger.

Zur Einführung gab es drei Motorvarianten: 1.4 TSI (110 kW/150 PS), 2.0 TDI SCR (103 kW/140 PS) und 2.0 TDI SCR (125 kW/170 PS), alle Motoren erfüllten Euro 5.

Volkswagen liefert Notarzteinsatzfahrzeuge (NEF) und Feuerwehr Kommandowagen (KdoW) ab Werk, komplett ausgestattet von der Sondersignalanlage über die Funkausrüstung bis hin zur externen Spannungseinspeisung.

Der 4,85 Meter lange Van bot Platz für fünf bis sieben Personen oder bis zu 2430 Liter Stauraum – ideal als Großraumtaxi. Das Taxipaket baute auf dem »Trendline« auf und war an bestimmte Motoren gebunden, etwa an den 2.0-l-TDI und 110 kW/150 PS.

VW SHARAN

2017 rückte der Sharan mit dem neuen, aus dem Golf GTD bekannten 2.0 TDI-Motor mit 184 PS, 7-Gang DSG und 4Motion ins Programm. Er durfte 2,4 Tonnen an den Haken nehmen.

2015 erhielt der Sharan ein Facelift, doch das neue Modell unterschied äußerlich durch LED-Rückleuchten und neue Räder. Dazu kamen Euro-6-Motoren – zwei Benziner mit 150 und 220 PS und drei Diesel mit 115, 150 und 184 PS – und jede Menge neuer Assistenzsysteme. 2019 kamen weitere hinzu, alle serienmäßig beim Sondermodell »Black Style«.

Sharan II (Typ 7N)

Ob die bei Chrysler sich immer noch grämten? Sie waren es schließlich gewesen, die 1984 mit dem Voyager den Minivan modernen Zuschnitts erfunden hatten. Ganz entgegen sonstigen Gepflogenheiten reagierte VW relativ schnell 1995 mit dem Sharan, und die Wolfsburger hielten auch dann noch an ihm fest, als Produktionspartner Ford ausstieg. Der neue Sharan war demzufolge eine VW-Solonummer und stellte sich im Juli 2010 der Presse vor, nach ähnlichem Erfolgsrezept gestrickt wie der rund 600.000 Mal gebaute Vorgänger: Frontantrieb, bis zu sieben Sitze, Platz für Kind und Kegel. Weil die lieben Kleinen größer geworden waren, war auch der Sharan mitgewachsen – um satte 22 Zentimeter, machte summa summarum 4,85 m brutto, aber 30 Kilo weniger Speck auf den Rippen. Und weil ja jeder neidisch auf das schielt, was der Nachbar hat, kam der Sharan nun mit Schiebetüren hinten – unter den Vans der Neuzeit hatte der Mazda 5 damit angefangen. Deren Antrieb erfolgte wahlweise auch elektrisch, dann aber auch mit Einklemmschutz für die Finger. Auf jeden Fall mit an Bord: Zwei TSI (150 und 200 PS) sowie zwei TDI (140 und 170 PS), Euro-5-sauber und im Falle des 200-PS-TSI mit 6-Gang-DSG. In den USA wurde der Sharan übrigens nicht verkauft, dort bot VW zwischen 2008 und 2013 den Routan an – einen umetikettierten Chrysler Voyager.

Als im März 2015 im Rahmen einer Weltpremiere auf dem Genfer Automobilsalon die Neuauflage des Sharan präsentiert wurde, fanden sich die wichtigsten Änderungen vor allem unter der Motorhaube. Volkswagen bot die bislang letzte Ausgabe des Familientransporters mit fünf neuen, aufgeladenen Turbodirekteinspritzern an, zwei TSI mit 150 und 220 PS sowie drei TDI mit 115, 150 und 184 PS. Alle Diesel hatten den SCR-Katalysator, bei allen serienmäßig an Bord war zudem das Start-Stopp-System plus Rekuperationsmodus. Zu den neuen Euro-6-Motoren gesellten sich LED-Rückleuchten, feinere Bezugsstoffe und eine verbesserte Serienausstattung (Multikollisionsbremse, Parkbremse mit Auto-Hold-Funktion). Die Markteinführung erfolgte im Juli mit drei Ausstattungslinien und den beiden Sondermodellen »Beach« und »Ocean«. Doch trotz aller Fortschritte entwickelte sich die Baureihe – seit Markteinführung der ersten Van-Generation hatte Volkswagen rund 800.000 Sharan verkauft – zunehmend zum Problemfall. Zahlreiche Sonderaktionen sollten den Absatz steigern, doch im Zug der Sparmaßnahmen im Gefolge des Abgasskandals wurde bekannt, dass VW überlegte, den Sharan durch eine Langversion des Touran zu ersetzen. Aber Totgesagte leben ja bekanntlich länger, und so stand der Sharan kurz vor Erscheinen dieses Buches auch Anfang 2021 noch im VW-Programm .

Zum Start der Neuauflage 2015 brachte VW den »Ocean«. Lackiert in Blaumetallic, hatte dieses Sondermodell (hier als 2.0 TDI) zwei elektrische Schiebetüren sowie alle Assistenzsysteme an Bord.

2007 erschien mit dem Tiguan der zweite SUV von Volkswagen, aber der erste in der Golf-Familie. Gebaut wurde er, wie der Touran, in der eigens gegründeten VW-Tochtergesellschaft Auto 5000.

Obwohl er weitgehend auf der Golf-Plattform basierte, hatte der Tiguan Passat-Technik an Vorder- und Hinterachse, einen vom Golf Plus abgeleiteten Innenraum und den bekannten Haldex/4Motion-Antrieb.

Im Mai 2011 erhielt der Tiguan eine gründliche Modellpflege. Diese bescherte ihm eine neue Frontpartie im Touareg-Stil, noch mehr elektronische Helferlein, die elektronische Differenzialsperre XDS und modernere Motoren. Die TSI-Modelle legten um jeweils 10 PS zu, los ging es jetzt beim direkteinspritzenden 1.4 Liter mit 118 kW / 160 PS, die TDI-Palette begann bei 81 kW / 110 PS. Im Bild das Sondermodell »Allstar«.

VW TIGUAN

Einige Tiguan-Modelle gab es auch ohne 4Motion. Die Ausstattungen hießen »Trend & Fun« und »Sport & Style«, nutzwertiger daher kam der »Track & Field«. In jedem Fall empfehlenswert: das optionale adaptive DCC-Fahrwerk

Tiguan I (Typ 5N)

Der Touareg schrumpfte und schrumpfte, und als er auf handliche 4,40 m eingedampft war, hieß er Tiguan. Wie stets hatten die Wolfsburger der Konkurrenz den Vortritt überlassen und höflich gewartet, wie sich etwa Toyotas RAV4 schlug. Und wie stets rollten die Autobauer aus der Heide das Feld von hinten auf: Der erst 2007 gestartete Stadt-Crosser setzte sich auf Anhieb an die Spitze der Bewegung. Die Mischung aus Geländewagen und Limousine ließ sich außerordentlich gut verkaufen, bot reichlich Platz für fünf Passagiere, dank höherer Vordersitze mühelosen Zustieg und eine feine Rundumsicht. Kühl, aber funktionell eingerichtet, fiel die Bedienung leicht – ganz nett, aber keine Wellnessoase auf Rädern, wobei unverkennbar der Golf Plus als Organspender gedient hatte. Ein pfiffiges Detail war die serienmäßig um 16 cm in der Länge verschiebbare Rücksitzbank. Außerdem waren so ziemlich alle Assistenzsysteme mit an Bord, die seinerzeit verlangt wurden (wenn auch teilweise gegen Aufpreis). Untypisch dagegen war die Preisgestaltung, den Tiguan (der Name setzte sich zusammen aus »Tiger« und »Leguan«) gab es bereits ab 25.000 Euro, damit lag man auf Augenhöhe mit der Konkurrenz, zumal der VW zunächst serienmäßig mit Allradantrieb 4Motion ausgestattet wurde. Die Frontantriebsvarianten folgten Anfang 2009.

Aus dem Rahmen fiel auch das Bezeichnungssystem für die Ausstattungslinien. Wild und verwegen der »Track & Field« (dann mit anderen Abmessungen wegen des von 18 auf 28 Grad erhöhten vorderen Böschungswinkels), elegant als »Sport & Style« für den Cappucino zwischendurch auf dem kleinen Hausberg und schließlich der »Trend & Fun« für die urbanen Asphalt-Kraxler: »Setzt Maßstäbe«, so das Fachblatt auto motor und sport, »mit sehr gut abgestimmtem Fahrwerk«.

Die Modellpflege im Juni 2010 sah die Einführung neuer Einstiegs-Motoren, des 2,0-Liter-TDI BlueMotion Technology (110 PS) und des 1,4-Liter-TSI mit 122 PS. Damit waren alle fünf Motor-Varianten zwangsbeatmet, außerdem ersetzte das neue 7-Gang-Doppelkupplungsgetriebe alle bisherigen Automatikvarianten. Neue Motoren gab es auch für das Modelljahr 2012, zusammen mit einer Optik im aktuellen Markengesicht. Die Motorenpalette umfasste jetzt vier TSI-Motoren mit 122, 160, 180 und 210 PS (drei davon neu) sowie drei Common-Rail-TDI mit 110, 140 und 170 PS, wobei die optischen Unterschiede zwischen Front- und Allradantrieb jetzt etwas prägnanter ausfielen: Der Frontantriebs-Tiguan mit 18-Grad-Front als »Trend & Fun« sowie »Sport & Style« kam auf 4426 mm, die Allrad-Variante mit 28-Grad-Front (4433 mm) hieß »Track & Field« (Grundmodell). Auch die erstmals angebotene Topvariante »Track & Style« hatte Allrad, aber eine leicht abgeänderte Frontpartie.

Der Tiguan bot ein Ladevolumen von 470 bis 1510 Litern; die Rückbank war verschiebbar und in der Neigung verstellbar. Durch die Dachlinie wirkte er in der Seitenansicht etwas hochbeinig.

VW TIGUAN

Tiguan II (Typ 5M)

Nach mehr als 2,6 Millionen verkauften Exemplaren der ersten Generation rollte Volkswagen auf der IAA im September 2015 den Tiguan der zweiten Generation – und zugleich auch den ersten auf Basis des neuen Modularen Querbaukastens MQB – ins Rampenlicht. Die neue Konzernplattform, kluger Leichtbau und clevere Detaillösungen senkten das Gewicht um 50 Kilo und hielten das Wachstum in Grenzen: Der Tiguan II war lediglich 6 cm länger als der alte, hatte aber acht Zentimeter mehr Abstand zwischen den Achsen: Platz in Hülle und Fülle, und wenn VW von einem »riesigen Sprung« im Platzangebot sprach, so war das nicht übertrieben: Das Kofferraumvolumen hatte um 145 auf rekordverdächtige 615 Liter zugelegt, und da die Ladekante 40 mm niedriger war als zuvor, konnte der auch noch viel besser vollgepackt werden: »Auch wenn man kein Fan von SUVs ist, macht es der neue Tiguan einem schwer, ihn nicht zu mögen«, urteilte Autobild nach einem ersten Kennenlernen im November 2015. Die Technik war weitgehend bekannt, die insgesamt acht Benziner und Diesel leisteten von 115 bis 240 PS. Ganz neu – in Frankfurt noch als »Studie« deklariert – kam der Tiguan GTE als Plug-in-Hybrid mit einer Systemleistung von 218 PS und einer elektrischen Reichweite von mehr als 30 Kilometern hinzu.

Mitte 2020 kam der Tiguan II in einer überarbeiteten Version, äußerlich erkennbar unter anderem an einer neuen Frontpartie und de mittig platzierten Modellbezeichnung am Heck. Bei den Motoren waren die Diesel sauberer geworden, zudem erschienen im Frühjahr 2012 noch ein Tiguan eHybrid (Systemleistung 245 PS, Reichweite rein elektrisch 50 km) und das neue Spitzenmodell Tiguan R mit 320 PS.

Der Tiguan legte an Radstand, Länge und Breite zu, nicht aber in der Höhe: Er verlor 70 mm, gewann aber an Dynamik – und an Kofferraum. Dessen Volumen stieg auf 520 bis 1655 Liter.

Die Tiguan-Neuauflage entwickelte sich auf Anhieb zu einem Bestseller. Daher lief er auch in China, Deutschland, Mexiko und Russland vom Band.

Die Basis bildete der Modulare Querbaukasten (MQB), dieser erleichterte die Entwicklung der vor allem für die USA und China wichtigeren, um 20 cm längeren Allspace-Version.

Der ab 2021 verkaufte Tiguan R-Line hatte 320 PS, einen modifizierten Allradantrieb und eine Nobelausstattung mit allerlei Features, darunter spezielle Sportsitze. Mit 56.703,53 Euro allerdings kein billiges Vergnügen.

Der Tiguan II rollte Ende April 2016 zu den Händlern. Wie stets, standen zum Start nur die wichtigsten Motoren zur Verfügung, in dem Fall der 180 PS starke 2.0 TFSI sowie der 2.0 TDI mit 150 PS. Weitere Motoren vom 115 PS-Diesel über den 125 PS TSI bis zur Topmotorisierung mit 240 PS folgten. Der hier gezeigte »Offroad«-Allspace erschien 2018 auf dem Salon in Moskau.

VOLKSWAGEN NUTZFAHRZEUGE

Auf den Typ 1, den Volkswagen, folgte 1950 der Typ 2, der Transporter. Und auch der entwickelte sich zu einem solchen Erfolg, dass die Produktionskapazitäten im Wolfsburger Stammwerk, längst nicht ausreichten. Ein eigenes Transporter-Werk musste her, und das errichtete man in Hannover, in unmittelbarer Nähe zum Mittellandkanal und einem bestehenden Verschiebebahnhof: Am 8. März 1956 nahm Volkswagen in Hannover-Stöcken den Betrieb auf. Im Laufe der Jahre und Jahrzehnte wurde die Produktpalette stetig ausgeweitet, inzwischen ist Volkswagen Nutzfahrzeuge (VWN) als eigenständige Marke im Volkswagen Konzern verantwortlich für Entwicklung, Bau und Vertrieb von leichten Nutzfahrzeugen. Dazu zählten und zählen die Baureihen Transporter, Taro, Caddy, Crafter und Amarok. VWN produziert heute in Hannover (D), Pozna (PL), Wrzenia (PL) und Pacheco (ARG).

Der VW T4 wurde 1990 eingeführt und unterschied sich grundlegend von den Vorgängern.

VW T4 California freestyle. Erst mit der T4-Reihe bekam der VW-Transporter einen Frontmotor (81–110 PS).

VW-Camper der 6. Generation: Bei der teuersten Version California Ocean lässt sich das Schlafdach per Knopfdruck ein- und ausklappen. Zudem enthält sie Klimaautomatik und Standheizung.

Auf den Typ 1, den Volkswagen, folgte 1950 der Typ 2, der Transporter. Und auch der entwickelte sich zu einem solchen Erfolg, dass die Produktionskapazitäten im Wolfsburger Stammwerk, längst nicht ausreichten. Ein eigenes Transporter-Werk musste her, und das errichtete man in Hannover, in unmittelbarer Nähe zum Mittellandkanal und einem bestehenden Verschiebebahnhof: Am 8. März 1956 nahm Volkswagen in Hannover-Stöcken den Betrieb auf. Im Laufe der Jahre und Jahrzehnte wurde die Produktpalette stetig ausgeweitet, inzwischen ist Volkswagen Nutzfahrzeuge (VWN) als eigenständige Marke im Volkswagen Konzern verantwortlich für Entwicklung, Bau und Vertrieb von leichten Nutzfahrzeugen. Dazu zählten und zählen die Baureihen Transporter, Taro, Caddy, Crafter und Amarok. VWN produziert heute in Hannover (D), Pozna (PL), Wrzenia (PL) und Pacheco (ARG).

VW CADDY

Caddy I (Typ 14D)

Auf der Suche nach einem weiteren Modell, das dem US-Golf »Rabbit« zur Seite gestellt werden könnte, entwickelte Volkswagen of America in Eigenregie mit Hilfe von Chevrolet-Ingenieuren einen Pick-up. Bis zur B-Säule identisch mit der Limousine, wurde die Heckpartie durch ein Leiterrahmen-Chassis mit einfachen Blatt- und Schraubenfedern ersetzt. Die Nutzlast stieg auf 625 Kilogramm. Die Pritsche machte den Wagen um einen halben Meter länger, und der Radstand wurde auf 2,62 Meter gestreckt. Zwischen 1979 und 1983 wurde er in den USA gebaut, dann verlegte Volkswagen die Produktion in das jugoslawische Werk, wo der Caddy bis zum Ausbruch des Krieges 1992 weitergebaut wurde; die Golf-Produktion begann dort erst wieder im Jahre 2002. In Südafrika wurde der Caddy bis 2007 weiter neben dem Citi Golf produziert. Europäische Caddys gab es wahlweise offen oder geschlossen mit abnehmbarem Fiberglas-Hardtop, es gab zahlreiche Ausbaumöglichkeiten, von der Müllentsorgung bis zum Ausbau als Wohnkabine. Der 1,6-Liter-Dieselmotor mit seinen 54 PS war erste Wahl für gewerbliche Nutzer, daneben gab es noch den 1,6-Liter-Benziner mit 75 PS sowie den 1,8-Liter-Benziner mit 95 PS und Katalysator.

Der Caddy war ab Werk als Pritschenwagen, als Pritsche mit Plane und Spriegel sowie als Kastenwagen mit aufgesetztem GfK-Hardtop zu haben.

Caddy II (Typ 9KV / 9U)

Mit dem neuen Caddy präsentierte Volkswagen auf der IAA 1995 den Nachfolger gleich zweier Modelle: des Pick-ups auf Golf-I-Basis, der im serbischen VW-Werk gebaut worden war und infolge der Kriegswirren nicht mehr geliefert werden konnte, und des 1988 aus dem Programm genommen Stadtlieferwagens, eines Steilheck-Polos mit zwei Sitzen und Blech-Seitenwänden. Den neuen Caddy von 1995 gab es als Kastenwagen wie auch als Kombi, wobei die Plattform von der spanischen Tochterfirma Seat stammte. Neben den Unterschieden an Kühlergrill und Markenzeichen erhielt der Caddy andere Armaturen, Instrumente, Sitzbezüge und Außenfarben. Auffallendes und praktisches Merkmal von Kasten und Kombi war die asymmetrisch geteilte Hecktür. Für beide Versionen standen vier Motoren zur Auswahl: Der 1,4-Liter-Einspritzer mit 55 PS, der 1,6-Liter mit 75 PS sowie die beiden 1,9-Liter-Diesel mit 64 PS. Alle Motoren waren serienmäßig mit Fünfgang-Getriebe lieferbar. Zwei Jahre später ergänzte der Caddy Pick-up (Typ 9U) die Modellreihe, diesmal auf Skoda-Basis.

Die dritte Caddy-Generation wurde auf der niederländischen Nutzfahrzeugmesse RAI 2004 gezeigt, als Kombi wie auch als Kastenwagen mit zwei seitlichen Schiebetüren und, ab 2007, in zwei Radständen.

Caddy III/IV (Typ 2K)

Ein Caddy ist ja bekanntlich der arme Kerl, der für einen Golf-Spieler die Ausrüstung mitführt, wenn der Maestro über das Green zieht, und so gesehen hat kaum eine Bezeichnung besser gepasst als jene, die der Sidekick des Golf V erhielt: Er hieß »Caddy« und stand auf der IAA 2003. Der neue Kleintransporter war eine Mixtur aus Golf und Touran, weit über 50 % aller Teile stammten aus dem Bestseller-Baukasten: Vorderwagen bis zur A-Säule samt Vorderachse waren zum Beispiel original Touran, auch Motoren, Getriebe und Bremsen stellten sattsam Bekanntes dar. Neben dem Kastenwagen mit 3,2 Kubikmetern Ladevolumen, seitlicher Schiebetür und Flügeltüren im Heck gab es auch eine Kombiversion mit bis zu sieben Sitzen, und die wiederum bildete die Basis für den ab Mitte 2004 angebotenen Caddy »Life«. Der war etwas netter ausgestattet, hatte eine Heckklappe und eine zweite Schiebetür. Zu haben mit zwei Otto- (75 bzw. 102 PS) und zwei Dieselmotoren (70 bzw. 104 PS), kostete der in Polen gebaute Transporter ab 14.995 Euro.

Der Caddy – den es seit 2007 auch mit um 47 cm längerem Radstand und dem Zusatz »Maxi« gab – schaffte es nie, das Handwerkerimage abzustreifen, die Presse bezeichnete ihn zu Recht als »günstig-rustikale Touran-Alternative« und dachte dabei in erster Linie an die kärgliche Innenraumdämmung, das großzügig verwendete Hartplastik und die hintere Starrachse. Diesen Eindruck minderte VW im Rahmen der ersten großen Modellpflege des Jahres 2010, bei der der Caddy auf das aktuelle Familiengesicht umgestellt und die Innenraumanmutung verbessert wurde. Dazu kamen neue TSI-Benzin-Motoren und Common-Rail- statt Pumpe-Düse-Diesel, eine bessere Abstimmung und serienmäßiges ESP. Die zweite Sitzreihe mit

In der zweiten Generation war der Caddy kein Golf mehr: Kombi und Kastenwagen waren waschechte Seat, beim Pritschenwagen stammte die Basis von Skoda.

Für echte Offroad-Einlagen taugt der Caddy, selbst mit Allrad, nicht. Dafür brauchte es die Fahrwerks-Höherlegung von Seikel, gerne in Verbindung mit dem soliden 5-mm-Alu-Unterfahrschutz.

Der Golf mit Pritsche war für die USA entstanden und zunächst auch dort gebaut worden. Die in Europa verkauften Modelle stammten aus Jugoslawien, montiert im ehemaligen Tito-Automobilwerk in Sarajewo. Während in Wolfsburg bereits die dritte Golf-Genration gebaut wurde, lief der Caddy weiterhin vom Band, bis der Bürgerkrieg dem ein Ende setzte.

Die Hannoveraner erneuerten 2020 ihren Stadtlieferwagen. Sie boten ihn, wie gehabt, in Basis- und Maxiversion an. Das Ladevolumen reichte von 3,1 bis 3,7 Kubikmeter und die Nutzlast bis 780 Kilogramm.

Obwohl ursprünglich ganz klar als Nutzfahrzeug für gewerbliche Nutzer konzipiert, etablierte sich der Caddy rasch auch als Touran-Alternative für Familien. Doch er hatte eine hintere Starrachse mit Blattfedern. Mit zahlreichen Sondermodellen etablierte Volkswagen den Caddy als Großraumlimousine. Der »Roncalli« erschien als Sondermodell zunächst 2011 und wurde 2012 ein weiteres Mal mit einem Preisvorteil von bis zu 6268 Euro aufgelegt

Die Neuauflage von 2015 war, zumindest optisch, lediglich ein an Front und Heck aufgefrischter Caddy III. Lieferbar war er mit drei Benzin- sowie vier Dieselmotoren und einer Erdgas-Variante. Es blieb beim Nutzfahrzeug-Fahrwerk.

Mit dem Modellwechsel splittete Volkswagen die Caddy-Familie analog zu den Bussen weiter auf. So gab es jetzt auch Caddy-Multivans und »California«

Zweier-Sitzbank sollte sich nun auch demontieren lassen, was eine eher theoretische Option darstellte: Immerhin wollten 37 Kilogramm aus dem Caddy gewuchtet werden. Doch auch wenn diese im Wagen blieb, änderte sich wenig an den unendlichen Weiten des Gepäckabteils, das irgendwas zwischen 530 und 4200 Liter fasste. In drei Ausstattungslinien lieferbar, kostete der Caddy als Startline rund 17.000 Euro, das Topmodell Comfortline Edition dagegen über 31.000 Euro – nicht gerade das, was sparsame Familienväter wünschten.

2015 war es wieder einmal an der Zeit, gründlich durchzuwischen. Rund 1,5 Millionen dieser Golf-Touran-Zwitter hatte Volkswagen verkauft, doch mehr als ein tiefgreifendes Facelift kam nicht heraus, da mochten die Werber noch so sehr von einer neuen Generation (Caddy IV) reden. Neue Optik, neue Motoren, aktuelle Assistenzsysteme und bessere Ausstattung – das war, in Kurzform, das, was den neuen Caddy auszeichnete. Es gab insgesamt vier (neu benamte) Ausstattungsvarianten – auch mit Allrad – und das Dreiviertel-Wohnmobil namens »Caddy Beach«, das den bisherigen »Caddy Tramper« ersetzte. Nach wie vor wurde zwischen Kastenwagen und Kombi unterschieden; und wie gehabt reichte man ihn mit Radständen von 2.682 mm und 3.001 mm. Auch der hinteren Starrachse hielt Volkswagen die Treue, was weniger primitiv war als es sich anhörte, denn im Fahrverhalten »... lässt sich dem Caddy mit der neu abgestimmten Feder-Dämpfer-Combo wenig vorwerfen.« Die Beach-Ausstattung passte grundsätzlich für jeden Pkw-Caddy, die Tester indes empfahlen die Kombination aus 2.0 TDI BMT und 4Motion-Antrieb.

Caddy V

Beim im Februar 2020 vorgestellten Caddy V war dann aber doch Schluss mit der Starrachse, sie hatte jetzt einer Verbundlenkerachse weichen müssen. Wie der Golf VIII auf dem Modularen Querbaukasten MQB aufgebaut, war die neue Generation auch tatsächlich eine komplette Neuentwicklung, in die mit dem MQB auch zahlreiche neue Technologien wie diverse Assistenz- und Infotainment-Systeme Einzug hielten. Der Radstand war von 2682 auf 2755 mm gewachsen, auch das Raumangebot hatte nochmals zugelegt: Im Caddy Cargo fasste der Laderaum jetzt 3,1 m^3, im Cargo Maxi sogar 3,7 m^3. Und die ließen sich jetzt auch noch besser nutzen, denn dank der neu konstruierten Hinterachse konnte im Cargo jetzt eine Europalette quer ins Heck eingeladen werden, der Cargo Maxi fasste dank seiner um fast 14 cm gegenüber dem Vorgänger verbreiterten Schiebetür sogar eine zweite. Als Antrieb standen zunächst ein Turbobenziner (TSI) mit 114 PS zur Verfügung sowie drei Turbodiesel (TDI) mit 75, 102 bzw. 122 PS, die dank der »Twindosing« genannten doppelten AdBlue-Einspritzung zu den weltweit saubersten Dieselmotoren zählten. 2021 sollten dann noch ein aufgeladener Erdgasmotor und ein Plug-in-Hybrid folgen. Zu haben war der neue in den Varianten Caddy, Kombi und Cargo sowie in der Camping-Ausführung California.

Der »Life« kam Anfang 2004 auf den Markt. Ein Jahr später präsentierte Volkswagen Nutzfahrzeuge auf dem Caravan-Salon mit dem »Tramper« eine Variante mit Liegefläche. 2015 hieß diese Version »Beach«.

VW AMAROK

Amarok (Typ N817)

2008 präsentierte Volkswagen auf der IAA in Frankfurt einen Pick-up als Konzeptfahrzeug, das die vielsagende Bezeichnung »Robust Pickup« trug. Ein erster VW Amarok war dann 2010 als offizielles Begleitfahrzeug bei der Rallye Dakar zu sehen, und noch im gleichen Jahr erfolgte die Markteinführung in Europa. Gebaut wurde der Pick-up zunächst allerdings nur in Argentinien, erst Mitte 2012 begann parallel auch ein Produktion in Hannover, wo zuvor schon der Amarok-Vorläufer Taro gebaut worden war.
5,25 m lang und zunächst nur mit Doppelkabine lieferbar, verfügte der Amarok über eine Ladefläche von 2,52 m^2 (1555 x 1620 mm), auf der mit einer nutzbaren Breite von 1222 mm zwischen den Radkästen eine Europalette sogar quer geladen werden konnte. Die Nutzlast des Amarok betrug 1,15 Tonnen, ziehen durfte der Pick-up, der von VW als Lkw verkauft, in Deutschland aber seit 2017 in aller Regel als Pkw versteuert wurde, bis zu 2,8 Tonnen. Im Frühjahr 2011 kam dann auch eine Variante mit Einzelkabine auf den Markt, In Europa gab es den VW-Pick-up ausschließlich mit Dieselmotoren. Zunächst lieferbar war der 2,0-Liter-TDI (EA 189) mit 122 PS oder, mit einem zweiten Turbolader bestückt, mit 163 PS. Beide verfügten serienmäßig über Hinterradantrieb, konnten aber optional mit permanentem oder zuschaltbarem Allradantrieb geordert werden. Ende 2012 wurde die Motorleistung auf 140 bzw. 180 PS angehoben. Alle vier Motorvarianten waren serienmäßig mit einem manuell betätigten Sechsgang-Schaltgetriebe gekoppelt, lediglich die 180-PS-Variante hatte in der aufpreispflichtigen Optionsliste eine Achtgang-Automatik zu bieten.
2016 unterzogen die Wolfsburger den Amarok einem Facelift, in dessen Zuge der Pick-up auch gleich einen größeren Motor erhielt: Weil der EA 189 die Anforderungen der Abgasnorm Euro 6 nicht erfüllte, die ab Herbst 2016 auch für leichte Nutzfahrzeuge galt, bestückte VW den Amarok ab September 2016 mit dem Dreiliter-Sechszylinder-TDI ES 897 evo, der unter anderem auch im Touareg Dienst tat. Es gab ihn zunächst mit 204 PS und Sechsgang-Handschaltung (Automatik auf Wunsch) bzw. 224 PS und Achtgang-Automatik, in beiden Varianten kam er serienmäßig mit Allradantrieb. Ein Jahr später gab es den gleichen Motor auch leistungsreduziert mit 163 PS, jedoch ausschließlich mit Hinterradantrieb und Sechsgang-Schaltgetriebe. Im Frühjahr 2018 folgte dann noch eine leistungsgesteigerte Variante mit 258 PS und Allradantrieb samt Automatikgetriebe.
Ausgesprochen großzügig untergebracht auf guten Sitzmöbeln waren Fahrer und Beifahrer, die Rückbank bot Passagieren zwar im Vergleich zu anderen Pick-ups überdurchschnittliche, gemessen an Pkws aber bestenfalls normale Platzverhältnisse. Dem ab 2016 verbauten V6 bescheinigten die Tester einen seidigen Lauf, das Fahrwerk sorgte auf der Straße für entspanntes Vorwärtskommen und – je nach Ausstattung in Sachen Allrad und zuschaltbarer Hinterachssperre – für erstaunliche Fähigkeiten im Gelände.
Die Ausstattungslinien, unter denen Kunden bei der Markteinführung wählen konnten, hießen Amarok, Trendline und Highline. Die »nackte« und eher für den gewerblichen Einsatz vorgesehene Basisvariante kam mit unlackierten Stoßfängern und Stahlfelgen, beim Trendline waren die Stoßfänger in Wagenfarbe lackiert, er stand auf Leichtmetallfelgen und an Bord befanden sich unter anderem so nützliche Dinge wie Klimaanlage, Tempomat, elektrische Fensterheber und ein CD-Radio. Beim Highline schließlich gab es ab Werk eine Klimaautomatik und 17-Zoll-Räder.
Im Mai 2020 wurde die Produktion des Amarok in Deutschland eingestellt, die Ausstattungslinien hießen zum Schluss Aventura, Dark Label und Canyon. Auf der Internetseite von VW war der Amarok Anfang 2021 noch bei den Nutzfahrzeugen aufgeführt, allerdings mit dem Hinweis, dass »der Amarok ... ab sofort nicht mehr als Neufahrzeug konfigurierbar« sondern lediglich noch als »Neufahrzeug ab Lager« erhältlich sei – solange der Vorrat reicht. Aber schon im Sommer 2019 waren die Weichen für einen Nachfolger gestellt: VW hatte mit Ford einen Kooperation vereinbart, nach der es 2022 einen neuen Amarok auf Basis des Ford Ranger geben sollte.

Mit dem Amarok wollte VW in den Pickup-Markt einsteigen, bot ihn aber nicht in den USA an

Die Nutzlast lag bei knapp einer halben Tonne, die werkseitige Auflastung brachte weitere 220 kg.

Vom Amarok, hier in der Ausführung bis 2016, verkauft VW hierzulande rund 4500 Stück.

Amarok »Canyon«, 2017: Für 43.207 Euro gab's 204 PS und Allrad, 17-Zoll-Alus, Sonderlack mit mattschwarzen Zierteilen und abgedunkelte Rückleuchten. Radlaufverbreiterungen kosteten extra.

2016 liftete Volkswagen den Amarok. Einmal mehr fiel die Überarbeitung außerordentlich dezent aus. Umso mehr allerdings tat sich unter der Haube, denn anstelle der bisherigen Vierzylinder-Diesel kamen nun die 3.0-l-TDI-Sechszylinder aus dem Touareg zum Einsatz: Die Leistung richtete sich nach der Ausstattung und reichte von 163 PS (Trendline) über 204 PS (Comfortline) bis hin zu 258 PS (272 PS mit Overboost) im Canyon /Aventura.

VW T-BAUREIHEN

Transporter/Bus (T1)

Auf einer Pressekonferenz am 12. November 1949 stellte VW-Chef Nordhoff der Öffentlichkeit die erste Generation des VW Transporters vor. Die Techniker und Konstrukteure bezeichneten ihre Neukonstruktion als die »Kombination eines selbsttragenden Kastenaufbaus mit den Hauptmerkmalen des Volkswagens«. In der Formgebung hatte man sich an »modernen Tendenzen« orientiert – allen voran am DKW-Transporter der Auto Union. Der DKW-Schnelllieferwagen war im August 1949 angekündigt und ab Oktober ausgeliefert worden. Er hatte eine Nutzlast von einer dreiviertel Tonne. Sein hubraumschwacher Zweizylinder-Zweitaktmotor, zunächst 20 PS stark, war stehend an der Wagenfront untergebracht und sehr gut zugänglich. Außerdem war der DKW bei einer Außenlänge von unter vier Metern und einem Laderaum von 4,2 Kubikmetern ein Muster an Raumökonomie. Doch auch die Wolfsburger hatten ihre Hausaufgaben glänzend gelöst, daran bestand nach Bekanntgabe der Eckwerte kein Zweifel: Laderaum 4,6 Kubikmeter, Gesamtlänge 4,15 m, Breite 1,66 m, Höhe 1,9 m. Im Heck polterte der bekannte VW-Boxermotor mit 1,1 Litern Hubraum und einer Leistung von 25 PS bei 3300/min. Der neue Transporter aus Wolfsburg bestach überdies durch niedriges Gewicht (Leergewicht 975 kg, fahrfertig mit vollem Tank, Werkzeug, Ersatzrad, Fahrer und Beifahrer) und eine Nutzlast von 750 kg. Das zulässige Gesamtgewicht lag bei 1725 kg. Deutliche Vorteile gegenüber der Konkurrenz von DKW und Co. wies der VW in puncto Fahrleistungen und Wirtschaftlichkeit auf. Der Kraftstoffverbrauch betrug vollbeladen rund acht Liter auf 100 Kilometer, was den Aktionsradius mit einer Tankfüllung auf rund 500 Kilometer ausdehnte.

Im März 1950 begann die Serienfertigung mit zehn Exemplaren täglich. Zunächst gab es den Transporter nur als Kastenwagen für 5850 Mark. Dem Kastenwagen (Typ 21) folgte der Kombiwagen (Typ 23), der durch den Einbau zweier Sitzbänke zum Personen-Transporter umfunktioniert werden konnte. Im Mai 1950 schloss sich der echte Kleinbus (Typ 22) an. Bis zum Jahresende war die Tagesproduktion von anfänglich zehn auf sechzig Einheiten angestiegen, damit waren schon im ersten Produktionsjahr mehr Transporter von VW in Umlauf als von der Konkurrenz. Eine Luxus-Variante folgte im Juni 1951 mit dem Samba-Bus (»Sondermodell«, Typ 24).

Im Dezember 1951 kam der VW-Krankenwagen (Typ 7) auf den Markt, eine Gemeinschaftsentwicklung mit dem Roten Kreuz, die Umrüstung nahm die Firma Miesen vor. Im August 1952 kam der Pritschenwagen (Typ 26) mit seiner Ladefläche aus gewelltem Stahlblech und aufgesetzten Hartholzleisten. Die Bordwände konnten abgeklappt werden. Unter der Pritsche gab es einen zusätzlichen Laderaum. Der Benzintank lag unmittelbar über der Hinterachse, der Einfüllstutzen an der Seite. Das Reserverad war platzsparend hinter der Sitzbank untergebracht. Diese Anordnung wurde ab 1955 auch für die übrigen Transportermodelle übernommen. Den Pritschenwagen gab es auf Wunsch und gegen Aufpreis auch mit Plane und Spriegel. Bus und Kombimodell waren baugleich, beim Kombi ließen sich die Sitzbankreihen entfernen, sodass ein Kastenwagen mit Fenstern entstand. Ein weiterer Unterschied zwischen Kombi und Bus (abgesehen von der Dachrandverglasung): Der Kleinbus konnte als Pkw versteuert werden, ihn gab es als Sieben-, Acht- und sogar als Neunsitzer.

Das Votum der Käufer war eindeutig: Pro Tag spuckte das Transporter-Werk in Hannover 750 Lieferwagen aus (68.000 waren es 1966 gewesen, was einem Marktanteil von 79 Prozent entsprach), im Ford-Werk Genk waren es rund 220 Transit, während Hanomag mit rund 55 Wagen in Hamburg-Harburg deutlich kleinere Brötchen buk. An diesen Verhältnissen sollte sich auch in Zukunft nichts ändern, zumal VW die zweite Transporter-Generation schon in der Pipeline hatte.

Eine von vielen Varianten: VW T1 als Einsatzfahrzeug der deutschen Polizei.

Der VW-Bus, genannt »Bulli«, war gleich vom Start weg sensationell erfolgreich.

Der VW T1 »Samba«-Bus war ein Sondermodell. Im Bild zu sehen eine zweifarbenlackierte Version mit Faltdach. Gefertigt wurde es von 1951 bis 1967.

Dieser VW T1 Transporter Typ 2 ist als Pritschenwagen ausgelegt.

»Sophie« vor ihrem Geburtsort in Wolfsburg: Der taubenblaue Kastenwagen mit der Fahrgestellnummer 20-1880 ist Baujahr 1950 und somit der älteste, noch straßenzugelassene T2-Transporter der Welt. Ihr Arbeitsleben verbrachte sie Hildesheim und gelangte über viele Umwege in den Besitz der Oldtimer-Sammlung der VWN, die sich der alten Dame liebevollst annahm.

Erst nach 17 Produktionsjahren erschien mit dem T2 die Ablösung der ersten VW-Transporter-Reihe. Der Innenraum war größer geworden und dank einer Schiebetür leicht zugänglich. Dieses Modell bietet sogar ein Schiebedach.

Optisch überarbeitet und modernisiert zeigte sich die neue Front des VW T2.

Dieses Foto lenkt von vorneherein die Aufmerksamkeit auf Schiebetür und Innenraum.

Nach 56 Jahren war Schluss: Immer wieder aufdatiert, verließen im November 2013 die letzten 1200 T2-Busse das brasilianische VW-Werk Anchieta in São Bernardo do Campo.

Transporter/Bus (T2)

Nach den Werksferien 1967, nach 17 Produktionsjahren und rund 1,8 Millionen Exemplaren, änderte der Transporter sein Gesicht. Die Vorarbeiten zum neuen Typ 2 hatten 1964 begonnen, die Konstruktionsabteilung um Gustav Mayer (»Transporter-Mayer«) hatte alle Hände voll zu tun, um die engen Terminvorgaben von Heinrich Nordhoff zu erfüllen. Sie schufen einen modernen Frontlenker mit sehr breiten Fenstern, neugestaltetem, runden Bug, einteiliger, stark gewölbter Frontscheibe und Lufteinlassschlitzen in den hinteren Dachholmen: Der intern T2 genannte Transporter unterschied sich deutlich vom T1. Gustav Mayer hatte es aber nicht nur bei einem simplen Facelift belassen, sondern auch eine geräumigere und steifere Blechhülle geschaffen. Vom Vorgänger übernommen hatte man den Radstand von 2400 mm, die zweite Transporter-Generation fiel aber mit 4420 mm um 160 mm länger aus als noch der Vorgänger. Für den Antrieb sorgte der schon aus dem Typ 3 bekannte Motor mit 1,6 Litern Hubraum und 47 PS bei 4000/min, das maximale Drehmoment von 103 Nm lag bei 2200 Umdrehungen an. Auch das Getriebe mit dem langen Schalthebel stammte aus der Limousine, lediglich die vierte Gangstufe war anders übersetzt. Überarbeitet hatten die Nutzfahrzeug-Techniker in Wolfsburg die Motoraufhängung, der Motorlärm pflanzte sich nun nicht mehr gar so ungeniert in den Innenraum fort. Den Gepäckraum zu beladen, war dank der großen Heckklappe relativ einfach. Die serienmäßige Verwendung einer 1050 mm breiten seitlichen Schiebetür erlaubte den bequemen Zugang zu den beiden hinteren Sitzbänken.

An der Modellpalette selbst hatte sich nicht viel geändert, es gab Kasten- und Pritschenwagen, Kombi und Bus sowie das Achtsitzer-Sondermodell, das zunächst als »Clipper L« in der Lieferliste stand. Allerdings hatten die Wolfsburger auch diesmal bei der Namenswahl kein Glück, die amerikanische Fluggesellschaft Pan Am legte Einspruch ein, denn diese Bezeichnung hatte sie sich für ihre Flugzeuge schützen lassen. Der Motor verbrauchte zwölf Liter auf 100 Kilometer, bei Dauervollgas sogar noch einen Liter mehr. In Anbetracht der Spitzengeschwindigkeit von ganzen 114 km/h war das dann doch des Guten zu viel – auch wenn auf Gefällstrecken die Tachonadel 140 km/h und mehr anzeigte. Zum Modelljahr 1971 verpassten die Wolfsburger Techniker ihm die Zylinderköpfe mit Doppeleinlasskanälen, was die Motorleistung auf 50 PS bei 4000/min anwachsen ließ. Im Jahr darauf stand mit dem neuen 1,7-Liter-Flachmotor erstmals eine Motor-Alternative zur Verfügung. Das 66 PS starke Aggregat aus dem Typ 4 wich zum Modelljahr 1974 dem 1,8-Liter-Motor und leistete nun 68 PS. Ab 1976 kam dann eine Zweiliter-Maschine zum Einsatz. Beim Transportermotor war die Leistung um 30 auf 70 Pferdestärken gedrosselt worden, an die Stelle der Einspritzanlage war eine Zweivergaser-Anlage von Solex getreten. Das maximale Drehmoment von 140 Nm lag nun bei 2800/min an. Der Bus war immer noch alles andere als sparsam, ein Schnitt von 110 km/h kostete 14 Liter auf 100 Kilometer, und wer ständig Vollgas fuhr, konnte gut und gerne noch einen Liter mehr rechnen. Bei der Premiere kostete der normale achtsitzige Clipper 7980 Mark, als L-Modell mit »2 Sonnenblenden, Scheibenwascher, Zeituhr, Heizung, Gürtelreifen« 8980 Mark. Die empfehlenswerte Standheizung kostete 350 Mark zusätzlich, ein Stahlkurbeldach verteuerte die Sache noch einmal um 450 Mark. Selbst der Bus in der 17.350 Mark teuren L-Ausführung mit 70 PS wurde ab Werk ohne »Selbstverständlichkeiten wie heizbare Heckscheibe, Rückfahrscheinwerfer, Verbundglas, Automatikgurte, Armaturenbrettpolsterung, abblendbare Innenspiegel sowie Schlösser für Tank- und Motordeckel« ausgeliefert, von Extras wie Schiebedach (DM 735,-) oder Standheizung (DM 1031,-) ganz zu schweigen.

Mit seinen acht Sitzen bot der T2 Platz für eine Familie und mehr.

VW T-BAUREIHEN

Transporter/Bus (T3)

Wer erwartet hatte, dass beim neuen Transporter die Pferde ganz zeitgemäß vorne zogen, sah sich getäuscht: Wie eh und je huldigte auch der neue Transporter dem alten Heckmotor. Was Mitte des Jahrzehnts – auch aus Mangel an geeigneten Frontmotoren – noch ganz logisch schien, erforderte zum Ende der Dekade, als das Unternehmen sehr wohl entsprechende Triebwerke im Angebot hatte, von den VW-Presseleuten eine ganze Menge Verbalakrobatik. Schließlich galt es, ein eigentlich schon ad acta gelegtes Antriebskonzept zu verteidigen. Und auch, wenn es heute so wirkt, als ob VW aus der Not eine Tugend machen wollte: Die dritte Transporter-Generation, Entwicklungsauftrag (EA) 162 war zwar Endpunkt der Heckmotor-Entwicklung, aber keineswegs veraltet.

Bei der Gestaltung der Frontpartie hatten die Stylisten an den größeren VW-LT-Modellen Maß genommen. Das neue Karosseriekleid war um 125 mm breiter geschnitten als noch beim T2. Seine verbesserte Handlichkeit aufgrund des verkleinerten Wendekreises ging einerseits auf das Konto der neuen, sehr präzisen Zahnstangenlenkung, andererseits auf das des neuen Fahrwerks – vorne nun Doppelquerlenker, Federbeine und Stabilisator, hinten die bewährte Schräglenker-Hinterachse, verfeinert durch die sogenannten Miniblock-Schraubenfedern, die für ein besseres Ansprechverhalten sorgten. Dass der neue Bus satter auf der Straße lag, war nicht zuletzt auch ein Verdienst der vergrößerten Spurbreite, vorn von 1395 auf 1570 mm und hinten von 1455 auf 1570 mm gewachsen.

Verschwunden war im Innenraum das nüchtern-graue Zweckambiente, Armaturenbrett und Fahrerhausgestaltung erinnerten deutlich an Golf, Passat und Co: Vertraute Armaturen, übersichtlich angeordnet und ergonomisch durchdacht.

Die Bremsanlage mit Festsattelscheibenbremsen an der Vorderachse und selbstnachstellenden Trommelbremsen hinten stammte dagegen noch vom Vorgänger, die 2-Liter-Modelle verfügten außerdem über einen Bremskraftverstärker. Die Bodengruppe des neuen Transporters war am Computer entstanden. Sie senkte – im Vergleich zum Vorgänger – die Einstiegshöhe um 100 mm ab und verzichtete auf die bisher gebräuchlichen Querträger. Das hielt den Fahrzeugschwerpunkt niedriger und half, Gewicht zu sparen; der Kastenwagen mit 1,6-Liter-Motor kam auf ein Leergewicht von 1365 kg. Bei einem zulässigen Gesamtgewicht von 2360 kg durfte also knapp eine Tonne zugeladen werden. Mit 2-Liter-Maschine brachte der T3 fahrfertig 30 kg mehr auf die Waage.

Wie eh und je werkelten im Fahrzeugheck luftgekühlte Vierzylinder-Vergasermotoren. Neben dem 1,6-Liter-Boxermotor mit 37 kW (50 PS) und einem maximalen Drehmoment von 104 Nm bei 2400/min stand auch die schon aus dem Vorgänger bekannte 2-Liter-Maschine mit 51 kW (70 PS) und einem maximalen Drehmoment von 140 Nm bei 3000/min im Programm. Sie kostete einen Aufpreis von 1125 Mark, wer die empfehlenswerte Getriebeautomatik orderte, musste noch einmal 1543 Mark zusätzlich berappen.

Beide Motoren waren im Prinzip alte Bekannte, neu an beiden die hydraulischen Ventilstößel (erstmals bei VW), eine elektronische Zündung und die digitale Leerlaufstabilisierung (DLS). Tiefere Eingriffe musste sich der 1,6-Liter-Motor gefallen lassen, bei ihm wurde, analog zu der seit 1972 lieferbaren 2-Liter-Maschine, das Kühlluftgebläse an die Kurbelwelle gesetzt. Luftfilter, Drehstrom-Generator, Zündverteiler und Kraftstoffpumpe wurden ebenfalls versetzt und seitlich angeordnet. Dadurch fiel das Motorabteil deutlich niedriger aus, 200 mm konnten dem Gepäckraum zugeschlagen werden. Bei einer Achsübersetzung von 5,43 ging der Transporter mit 1,6-l-Motor laut Werksangaben 110 km/h, der mit 7,5 verdichtete Zweiliter-Boxer kam auf eine Höchstgeschwindigkeit von 127 km/h, mit Automatik 122 km/h.

Das Sondermodell TriStar war ein Viertürer mit Doppelkabine (DoKa) und Allradantrieb.

VW Transporter T 3 Caravelle.

Auch der VW T3 Transporter hatte immer noch einen Heckmotor verbaut. Im Bild zu sehen die Camper-Ausführung des T3 (hinten) und des T5 Ocean (vorne) mit Aufstelldach.

Die dritte Generation des VW Transporters erschien 1979 und wurde bis 1990 produziert. Die im Bild zu sehende Last Limited Edition bezog aus seinem wassergekühlten Vierzylinder-Boxer 92 PS und stand zwei Jahr nach dem offiziellen Ende des T3, also 1992, zum Verkauf.

Ein häufiges Bild in den Achtzigern und Neunzigern auf den Campingplätzen Europas: Links ein T2 mit Ausbau von Grawo, rechts ein T3 California. (Foto: © M. Kuch)

Der VW T4 wurde 1990 eingeführt und unterschied sich grundlegend von den Vorgängern.

VW T4 California freestyle. Erst mit der T4-Reihe bekam der VW-Transporter einen Frontmotor (81–110 PS).

VW-Camper der 6. Generation: Bei der teuersten Version California Ocean lässt sich das Schlafdach per Knopfdruck ein- und ausklappen. Zudem enthält sie Klimaautomatik und Standheizung.

VW T-BAUREIHEN

VW T5 Caravelle. Die T5-Reihe leistete zwischen 115 und 204 PS.

Transporter (T4)

Der VW Transporter T4, der 1990 vorgestellt wurde, kam bei Volkswagen einer Revolution gleich, denn erstmals unterschied sich eine neue VW-Transportergeneration grundlegend von allen vorherigen. Hatte VW beim T3 das traditionelle Heckmotorenkonzept noch eisern verteidigt, fiel die Kosten-Nutzen-Rechnung nun eindeutig dagegen aus. Im T4 saß deshalb von Anfang an ein quer eingebauter Vier-/Fünfzylinder-Reihen-Motor (81–110 PS) unter der vorderen Kurzhaube und ermöglichte auf diese Weise im hinteren Fahrzeugteil eine durchgehende Ladefläche bis zum Heck. Zudem war er frontangetrieben und kam mit einer Servolenkung. Seine Höchstgeschwindigkeit lag zwischen 128 und 161 km/h. Der T4 erschien mit zwei verschieden langen Radständen und in drei Nutzlastklassen. Zwischen 1996 und 2003 erfuhr der T4 eine große Produktaufwertung, u. a. durch einen 151-PS-Dieselmotor. Nach 1.873.033 verkauften Exemplaren war 2003 dann jedoch Schluss mit der Produktion des T4.

Transporter (T5)

2003 brachte Volkswagen mit dem T5 eine Nachfolge-Transporterreihe auf den Markt. Gleich geblieben war das Konzept vom quer eingebauten Frontmotor mit Vorderradantrieb. Völlig neu dagegen war das Fahrwerk mit McPherson-Federbeinen an der Vorderachse und einer weiterentwickelten Schräglenkerachse hinten. Eine mehrschalige Unterbodenverkleidung diente der Senkung des Luftwiderstandes. Die Vier- und Sechszylinder-Benzinmotoren bis zur ersten Modellpflege 2009 leisteten zwischen 115 und 235 PS, letzterer mit einer erstmaligen Höchstgeschwindigkeit von 205 km/h. Die Vier- und Fünfzylinder-Dieselmotoren leisteten 84 bis 174 PS. Die Wirtschaftskrise von 2009 ließ dennoch die Absatzzahlen um ein Drittel zurückgehen. Für das Facelift nach 2009 wurden die Motoren ausgetauscht: die neuen Vierzylinder-Benzinmotoren waren nun zwischen 115 und 204 PS, die Vierzylinder-Dieselmotoren zwischen 84 und 180 PS stark. Zu den T5-Modellvarianten Caravelle (Kleinbus), Multivan (Großraumlimousine) und California (Wohnmobil) gesellte sich 2010 der Pick-up Amarok als vierte Reihe hinzu mit Motorenleistungen von 122 bis 258 PS.

Der Transporter T5 war in zwei Radständen und mit Einfach- oder Doppelkabine lieferbar. Mit kurzem Radstand kommt diese Pritsche auf 4,75 m² Ladefläche, mit langem auf 5,50 m².

Transporter (T6)

Mit der zweiten Überarbeitung im Jahr 2015 wurde der T5 zum T6 umbenannt. Auch bei den Dieselmotoren dieser sechsten VW-Transporter-Generation kam der Zweiliter-TDI zum Einsatz, dessen Leistungen seitdem zwischen 84 und 204 PS lagen. Während die unteren Leistungsklassen weiterhin mit Fünfganggetriebe ausgeliefert wurden, waren die stärker motorisierten Fahrzeuge mit einem Sechsgang- oder einem DSG-Siebenganggetriebe versehen. Die neuen Motoren sollten angeblich den Spritverbrauch der T6-Transporter senken. Bei den Benzinmotoren bewegten sich die Leistungen zwischen 150 und ebenfalls 204 PS. Zur weiteren Ausstattung gehörten eine Reihe von Assistenzsystemen, darunter ein Abstandsregeltempomat, ein Fernlichtassistent, eine adaptive Fahrwerksregelung und ein Bergabfahrassistent. Das Modellprogramm bestand mittlerweile aus Kastenwagen mit und ohne Doppelkabine, Caravelle, Kombi, Multivan und California. Eine weitere optische Überarbeitung im Jahr 2019 machte aus dem T6 den T6.1.

Trotz des Dieselskandals bei VW – von dem der T6 selber nicht betroffen war – verkaufte sich die neue Transporterreihe sehr gut. Bei der Autoshow 2017 in Detroit konnte der Besucher zudem erahnen, wie eventuell eine zukünftige T7-Reihe aussehen könnte: Volkswagen präsentierte hier einen VW-Transporter mit Elektroantrieb und einer Reichweite von bis zu 600 km.

2019 mutierte der T6 zum T6.1 und durfte sich mit dem aktuellen VW-Familiengesicht schmücken.

VW LT

LT (LT1)

1975 präsentierte Volkswagen mit dem Lasten-Transporter LT einen Kleintransporter, der mit einem zulässigen Gesamtgewicht von 2,8 bis 3,5 Tonnen (später bis 5,6 Tonnen) die Lücke zwischen VW-Bus und schwerem Lkw füllen sollte. Angeboten wurde der LT als Kastenwagen, Kombi, Bus, Pritsche, Doppelkabine und als Fahrgestell mit Fahrerhaus, und anders als der Bulli verfügte dieser Frontlenker auch über einen Frontmotor. Das ermöglichte ein ausgezeichnetes Verhältnis von Verkehrs- zu Nutzfläche, und so wuchs das Laderaumvolumen gegenüber dem T2 um über 50 Prozent, obwohl der LT nur 33 cm länger und 20 cm breiter war als sein zeitgenössischer kleiner Bruder. Daneben war diese Konstruktion aber auch mitverantwortlich für das kantige Äußere des LT, dem Kritiker die »Aerodynamik einer Tafel Schokolade« attestierten, was jedoch nichts an ihrem Gesamturteil änderte: »Quadratisch, praktisch, gut.«

An Motoren standen zunächst ein 2,0-Liter-Benziner mit 75 PS und ein englischer Perkins-Diesel mit 2,7 Litern und 65 PS zur Verfügung, der jedoch nicht wirklich überzeugte, weshalb die Wolfsburger dem LT im Modelljahr 1979 ihren ersten eigenen Sechszylinder-Diesel spendierten. Dessen 2,4 Litern Hubraum entsprangen mit 75 zwar auch nur zehn Pferdestärken mehr als dem britischen Vorgänger, doch erwies er sich als deutlich kräftiger und legte eine erheblich größere Laufruhe an den Tag. (Weshalb sogar Volvo auf diesen Motor aufmerksam wurde und ihn im 240 D einbaute.) 1982 folgten mit einem 2,4-Liter-Sechszylinder-Benziner (90 PS) und einem 2,4-Liter-Turbodiesel (102 PS) stärkere Motoren.

Den LT gab es bei Markteinführung mit zwei Radständen von 2500 bzw. 2950 mm und zwei Dachhöhen, er verfügte an der Vorderachse über eine Einzelradaufhängung, die nicht nur für ein sehr gutes Fahrverhalten sorgte, sondern auch zur Steigerung des Komforts beitrug. Als Sonderausstattung gab es ab 1979 für den LT 35 vorn auch eine Starrachse mit zwei Blattfedern, wodurch die Zuladung erhöht wurde. Mit dieser Achse waren serienmäßig auch die später angebotenen LT 40 bis LT 55 ausgestattet. Später kam für den Pritschen-LT noch ein längerer Radstand mit 3650 mm hinzu.

Es gab den LT (in einer eigenen Baureihe) als LT 4 x 4 auch mit Allradantrieb und entsprechend guten Fahreigenschaften im Gelände. Zwar war der Allradler nur als LT 40 und LT 45 mit jeweils dem mittleren Radstand von 2950 mm erhältlich, dafür aber in diesen Gewichtsklassen in sämtlichen Ausführungen, die auch für die 4 x 2-Modelle zur Wahl standen. Hatte es zum Modelljahr 1983 bereits ein neues Armaturenbrett gegeben, so erhielt der LT im Zuge eines Facelifts 1985 unter anderem rechteckige statt der bis dato runden Scheinwerfer, und ein weiteres Facelift brachte 1993 unter anderem einen neuen Kühlergrill und eine Überarbeitung des Turbodiesels, der einen Ladeluftkühler erhielt. Die Vorzüge des LT machten ihn auch zu einer beliebten Basis für Wohnmobile, 1988 brachte VW deshalb folgerichtig mit dem Florida auch einen eigenen Camper auf den Markt, der vier Personen Platz und sogar eine Nasszelle bot.

LT (LT2)

1996 präsentierte Volkswagen schließlich den mit Mercedes-Benz gemeinsam entwickelten LT der zweiten Generation, der im Wesentlichen baugleich mit dem Mercedes Sprinter und ein völlig neues Fahrzeug, das VW in Hannover fertigte (die Sprinter entstanden im Daimler-Werk in Düsseldorf).

Auch der LT2 kam mit drei verschiedenen, allerdings gewachsenen Radständen: 3000, 3550 und 4025 mm. Bei den Aufbauten konnten die Kunden wählen zwischen Kastenwagen, Kombi oder Pritsche, daneben gab es aber auch das nackte Fahrgestell mit Einzel- oder Doppelkabine. Und auch auf LT2-Basis boten die Wolfsburger wieder ein Wohnmobil an, den in Zusammenarbeit mit Karmann gebauten »Missouri«.

An Motoren stand als einziger Benziner ein Vierzylinder mit 2,3 Litern und 143 PS

Oberhalb des Transporters siedelte VW seinen »Lastentransporter« an. Es gab ihn von Anfang an in zwei Radständen – 2500 und 2950 mm – und zwei Dachhöhen.

Ahnengalerie: Die Transporter-Baureihen von Volkswagen. Von links nach rechts: LT (1976-1993), dann die beiden Transporter-Generationen aus der Gemeinschaftsproduktion mit Mercedes-Benz, und zuletzt der aktuelle Crafter, das Pendant zum MAN TGE.

Der LT – hier ein LT 45 – als Clubbus von Auwärter 1983. In der Regel nutzten Aufbauhersteller Mercedes-Transporter-Chassis.

Auch dem gemeinsam mit MAN entwickelten Modell G90 war kein größerer Erfolg beschieden. Hergestellt wurde er von 1979 bis 1993. (Foto: © High Contrast, CC-BY-SA-3.0)

Der L80 wurde ab 1995 bei Volkswagen do Brasil gefertigt und auch in Deutschland angeboten. Er war aber kein großer Erfolg, der Import endete im Jahre 2000.

Rallye-Spezialist Peter Seikel gewann 1988 die Unterstützung von VWN für den Aufbau eines LT 45 4x4 für die Paris-Dakar. Er legte die Doppelkabine höher, spendierte ihr andere Stoßdämpfer, Räder und einen größeren Tank – und gewann damit die Tunesien-Rallye.

Das erste Westfalia-Wohnmobil auf LT-Basis erschien 1977 mit dem »Sven Hedin«. 12 Jahre später folgte der »Florida«, hier als Facelift-Modell 1993.

Die zweite LT-Generation war eine Gemeinschaftsentwicklung mit Daimler-Benz. Dort lief der neue Transporter, wie zuvor mit längs eingebautem Frontmotor und Hinterradantrieb als »Sprinter« vom Band. Ein Klasse für sich war das Fahrwerk mit Einzelradaufhängung vorn und Scheibenbremsen rundum. VWN deckte damit den Bereich von 2,8 bis 4,6 Tonnen zulässigem Gesamtgewicht ab, höhere Gewichtsklassen bediente man mit dem Brasilien-Import L80.

Ein neuer Name sollte es richten. Die zweite Auflage der Gemeinschaftsbaureihe von 2006 setzte sich optisch stärker von der zweiten Sprinter-Generation ab. Zum Serienstart gab's drei Grundmodelle von drei bis fünf Tonnen Gesamtgewicht, drei Radstände (3250-4325 mm), drei Dachvarianten und vier 2,5-Liter-TDI-Motoren mit 89 bis 163 PS.

Alt und neu: Schön zu sehen der Wechsel vom klassischen Kastendesign des ersten LT hin zur Kurzhauber-Bauweise mit schräger Front und angedeuteter Motorhaube. Allerdings hat sich der Sprinter wesentlich besser verkauft als sein Technik-Zwilling LT2.

zur Verfügung, bei den Dieseln gab es einen 2,5-Liter mit 75 bis 109 PS sowie einen 2,8-Liter mit 125 bis 158 PS. Alle Motoren waren mit einem Fünfgang-Schaltgetriebe gekoppelt, lediglich der Benziner konnte auf Wunsch auch mit einer Automatik geliefert werden. Der verkaufte sich allerdings so schlecht, dass er ab Ende 2001 gar nicht mehr angeboten wurde. Ebenfalls nicht mehr im Angebot war für den LT2 ein Allradantrieb.

2006 endete die Produktion des LT2 nach 340.000 gebauten Exemplaren.

Crafter I (LT3)

Als Nachfolger des LT der zweiten Generation präsentierte Volkswagen 2006 den VW Crafter, der wiederum weitgehend baugleich war mit dem Mercedes Sprinter, jetzt allerdings dem der ebenfalls 2006 erschienenen zweiten Generation. Unterschiede gab es vor allem bei den Motoren, außerdem war die Front des Crafters eine andere als die des Sprinters.

Gebaut bei Mercedes in Düsseldorf und Ludwigsfelde, war das Fahrwerk gegenüber dem LT2 in Details verbessert worden, mit Einzelradaufhängung an Dämpferbeinen und Querlenkern vorn sowie Starrachse mit zwei Blattfedern hinten im Großen und Ganzen aber unverändert geblieben. Als Motor stand zunächst nur der Reihen-Fünfzylinder-Diesel mit Common-Rail-Einspritzung und 2,5 Litern Hubraum zur Verfügung, den es in vier Leistungsstufen von 88 bis 163 PS gab. Alle erfüllten die Euro-4-Abgasnorm, wurden aber 2010 so modifiziert, dass sie fortan die Euro 5 schafften. 2012 verschwanden die 2,5-Liter-Motoren und wurden durch 2,0-Liter-Vierzylinder ersetzt, allesamt Euro-5-sauber und mit einer Leistungs-Bandbreite von 109 bis 163 PS.

Serienmäßig waren die Motoren des Crafter stets mit einem Sechsgang-Schaltgetriebe gekoppelt, für die Varianten mit 109 und 136 PS stand optional auch ein automatisiertes Schaltgetriebe Shiftmatic zur Verfügung. Beide Getriebe waren Entwicklungen von Daimler-Benz.

Angeboten wurde der Crafter als Crafter 30, Crafter 35 und Crafter 50 mit unterschiedlichen zulässigen Gesamtgewichten sowie in den Aufbauvarianten Kastenwagen, Kombi, Pritsche, Pritsche mit Doppelkabine und Fahrgestell. Zur Steigerung der Auswahlmöglichkeiten gab es außerdem drei verschiedene Radstände von 3250 bis 4325 mm sowie die Varianten Flachdach, Hochdach und Superhochdach, was die Fahrzeughöhe von 2415 bis auf 3045 mm schrauben konnte.

Zeitgemäß und an Pkw-Niveau angenähert waren die Zusatzausstattungen, die für den Crafter geordert werden konnten. Da gab es neben Radio und Navigation beispielsweise auch Regensensor, Rückfahrkamera und Einparkhilfe, Telefon, Tempomat sowie Stand- und Sitzheizung. In Sachen Sicherheit hingegen bot der Transporter mit serienmäßig lediglich einem Fahrer-Airbag bestenfalls Mindestmaß, aber immerhin fanden sich Beifahrer- und Kopf-Airbags in der Aufpreisliste.

Ab Werk gab es keinen Allrad-Crafter. Wer einen solchen wollte, wurde aber beim österreichischen Allrad-Spezialisten Achleitner fündig, der die 4Motion-Crafter aufbaute. Je nach Fahrwerk und Bereifung erhöhte sich die Bodenfreiheit um bis zu 100 mm.

ELEKTROAUTOS, HYBRIDFAHRZEUGE UND STUDIEN

Versuche mit alternativen Antrieben gibt es bei Volkswagen seit Jahrzehnten, in denen das Unternehmen den Markt und die Konkurrenz beobachtete, entwickelte, forschte und verwarf, neu ansetzte und sich dann doch wieder gegen eine Serieneinführung entschied und stattdessen seine Diesel-Kompetenzen erweiterte. Dennoch wurde weiter an alternativen Antrieben und Kraftstoffen wie Methanol, Biodiesel oder Wasserstoff getestet. Doch jedes Mal, wenn Volkswagen den Versuch unternahm, daraus Kapital zu schlagen – Formel E, Lupo 3L etc. – wurden die Wolfsburger mit kommerziellen Misserfolgen bestraft. Auch innerhalb der Branche war (und ist) man sich eigentlich nicht so recht klar, wohin die Reise gehen würde. Je nach herrschendem Zeitgeist wurden mal die Elektro-, mal die Hybrid-Technik als mögliche Antwort auf die immer drängenderen Fragen nach der Umweltverträglichkeit, der Nachhaltigkeit und der Kohlendioxid-Problematik vorgestellt. Der Diesel-Skandal beschleunigte diese Entwicklung, sodass sich in der zweiten Hälfte der 2010er Jahre auch der Wolfsburger Riese vor der Notwendigkeit sah, endlich Nägel mit Köpfen zu machen.

Der ID. Roomzz, als Studie 2019 auf der Auto Shanghai vorgestellt, wird 2021 als ID .6 in Serie gehen. Der Siebensitzer bleibt zunächst China und den USA vorbehalten, soll dann aber auch nach 2022 in Europa zu haben sein.

ID .3: Fährt Prima und bietet viel Platz, leidet aber unter der unpraktischen Bedienung und der einfachen Materialanmutung. Letzteres hat man auch anfangs dem Golf vorgeworfen, doch bekanntermaßen hat das Haus eine steile Lernkurve.

Der ID .4 nimmt in Volkswagens Elektrooffensive eine Schlüsselrolle ein. Sowohl in den USA, vor allem aber in China zielt er direkt auf Teslas Model Y, den er in Sachen Preis und Praxistauglichkeit klar hinter sich lässt: »Wir zielen auf Autos für Millionen, nicht Millionäre«, wird der für das China-Geschäft verantwortliche Stephan Wöllenstein zitiert.

Zuerst 2017 als Studie »ID.Crozz« gezeigt, ist der Markstart für das elektrische SUV-Coupé 2021. Den nunmehrigen VW ID .5 wird es auch als Allrad-Ausführung GTX geben.

Der ID .4 als erstes vollelektrisches SUV der Marke wurde am 26. März 2021 in der Gläsernen Manufaktur Dresden an einen Kunden aus Thüringen übergeben. Insgesamt, so die Planungen, sollen in diesem Jahr 450.000 Elektro- und Hybridfahrzeuge verkauft werden, ein Drittel davon ID .4.

An den Anblick wird man sich gewöhnen: Die elektrische Golf-Alternative kommt nach gewissen Anlaufschwierigkeiten in Fahrt. In den Kofferraum passen 385 bis 1267 Liter (bei umgelegten Rücksitzen).

E-Autos für alle – das war der Kern der E-Offensive, welche Volkswagen unter dem neuen Markenchef Herbert Diess startete. Bis 2029, so der Plan, will Volkswagen konzernweit bis zu 75 reine E-Modelle auf den Markt bringen, zusätzlich etwa 60 Hybridfahrzeuge und rund 26 Millionen Elektrofahrzeuge verkaufen. Dafür sollten mindestens 33 Milliarden Euro investiert werden. Um die ambitionierten Pläne umsetzen zu können, war der Modulare E-Antriebsbaukasten (MEB) entwickelt worden, der nach Vorbild der Verbrenner-Plattform MQB konzernweit, also auch bei Audi, Seat und Škoda, zum Einsatz kommen wird. Dazu wird Zwickau zum größten und leistungsfähigsten E-Auto-Werk Europas umgebaut, denn dort läuft der I.D. 3 als Speerspitze der Elektro-Offensive vom Band. Als weiterer Standort ist die Gläserne Manufaktur in Dresden vorgesehen, wo der Phaeton vom Band gelaufen war und ab März 2017 der e-Golf. Dessen Ende allerdings zeichnete sich ab, der ID. 3 sollte ihn ersetzen.

ID .3 / ID .4

Der 9. September 2019 war ein historischer Montag für Volkswagen: Am Vorabend der Internationalen Automobil-Ausstellung (IAA) in Frankfurt präsentierte die Marke das Symbol einer neuen Ära. Beim ID.3 handelte es sich um das erste Modell einer neuen Generation reiner Elektrofahrzeuge – bilanziell CO^2-neutral, effizient und voll vernetzt. VW-Chef Herbert Diess beim Produktionsstart im November 2019 im Werk Zwickau bezeichnete ihn als »wichtigen Beitrag zum Durchbruch der E-Mobilität«.

Konzipiert als alltagstauglicher Allrounder mit Golf-Abmessungen, sollte er neue Standards in der Kompaktklasse setzen, und wenn früher die Leistungsfähigkeit an PS-Werten festgemacht wurde, war nun die Reichweite für viele Kunden ein Kaufkriterium. Und da ließ er die Wahl zwischen drei Energiespeichern, die Reichweiten zwischen 330 und 550 Kilometern versprachen. Zum Verkaufsstart gab es den ID.3 in zwei Varianten und sieben vorkonfigurierten Ausstattungen: Der ID.3 Pro Performance, ab 35.574,95 Euro, mit 58 kWh-Hochvolt-Akku im Kofferraumboden (385 – 1267 Liter) und bis zu 426 km Reichweite leistete 150 kW (204 PS). Der ebenfalls zum Serienstart angebotene ID.3 Pro S hatte die große 77 kWh-Batterie an Bord, eine Reichweite bis zu 549 km (WLTP) und ebenfalls 150 kW (204 PS) Leistung. Sein Grundpreis: 40.936,31 Euro. Ein weiteres kaufentscheidendes Kriterium stellte die Schnellladefähigkeit dar, und selbst bei der Basisvariante mit 100 kW Ladeleistung sollten innerhalb von 30 Minuten rund 290 Kilometer Reichweite nachgeladen werden können. Weitere Motor- und Batterievarianten waren geplant. Der Marktstart des ersten von vornherein als Elektroauto konzipierten VW verlief, erwartungsgemäß, aber eher holprig: Softwareprobleme vermiesten die Freude an der emissionslosen Fortbewegung, auch die eher lieblose Materialauswahl bei der Innenraumgestaltung missfiel. Auch die Bedienung über das Zentraldisplay erforderte einige Umgewöhnung.

Der Elektro-SUV ID.4 erweitert 2021 die ID-Modellpalette. Ebenso wie der kompakte ID .3 basierte er auf dem skalierbaren Modularen E-Antriebsbaukasten (MEB) des Konzerns, zunächst mit Heckantrieb, später auch mit elektrischem Allradantrieb. Seine Karriere begann er als Showcar »ID. Crozz«, und von den Anlaufproblemen, die dem ID .3 den Start erschwert hatten, blieb der vollelektrische Tiguan-Konkurrent verschont: Zum Start in zwei Versionen als ID.4 1st (49.950 Euro) und ID.4 1st Max (59.950 Euro Listenpreis) angeboten, übertraf der Serienanlauf alle Erwartungen und bescherte den Zwickauern Elektronikern volle Auftragsbücher: Ende Januar 2021, so VW, waren bereits 27.000 Fahrzeuge verkauft worden. Für die USA hatte man übrigens ein Kontingent von 2000 Exemplaren reserviert, das nach acht Stunden ausverkauft war.

HYBRIDFAHRZEUGE

Die Hybrid-Idee hat ein deutliches Volkswagen-Erbe. Im Jahr 1898 entwickelte und baute Dr. Ferdinand Porsche den ersten Benzin-Elektro-Hybridwagen, den Lohner-Porsche Mixte Hybrid. Er verwendete einen Verbrennungsmotor und einen Generator, der seine Leistung an vier 2,5 bis 3,5 PS starke Elektromotoren in den Radnaben abgab. Das Auto hatte angeblich einen Fahrbereich von 60 Kilometern im Elektrobetrieb, und die Höchstgeschwindigkeit betrug 45 Stundenkilometer.
Volkswagen begann erst in den späten 1960er Jahren, massiv in die Erforschung von Alternativen zum konventionellen Verbrennungsmotor Otto'scher Prägung zu investieren, und da war der Elektroantrieb die einzige ernstzunehmende Alternative. Wegen Reichweite und Gewicht galten Elektro- und Hybridantriebe in erster Linie als Kandidaten für stadtgebundene Nutzfahrzeuge, und der Typ-2-Transporter mit seinen großen Unterflurfächern und dem Heckantrieb bot eine ideale Ausgangsbasis.
Ein Typ-2-Kleinbus bildete die Grundlage des ersten VW-Hybrids. Bei diesem »City Taxi« von 1976 fand sich ein kleiner Elektromotor samt Antrieb in das Getriebe integriert. Der Fahrer konnte zwischen reinem Elektro- oder Hybridantrieb wählen. Das City Taxi lief über mehr als 100.000 Testkilometer und wurde in der ganzen Welt gezeigt.
Ende 1976 begannen dann erste Versuche, einen Elektro-Golf mit Hybridantrieb zu bauen, auf der Grundlage eines 1982er Golf I entstand dann 1983 ein weiterer Hybrid-Golf, der EVW 2. Die nächste Stufe des Hybridantriebs wurde gegen Ende der 1980er Jahre in Verbindung mit Bosch entwickelt und bestand aus einer Kombination von Elektromotor und Generator (anstelle der Lichtmaschine) mit einer Getriebeautomatik.
Im Jahr 1990 stand ein 1,6-Liter-Diesel-Hybrid, in Regenbogenfarben lackiert, auf dem Genfer Auto-Salon. Dieser Golf II fuhr bei Stadttempo rein elektrisch, beim Beschleunigen setzte der Diesel ein. Beim Bremsen fungierte der Elektromotor als Generator und speiste die relativ kleinen Batterien unter dem Kofferraumboden. Laut Werk verbrauchte dieser Hybrid lediglich 2,1 Liter, war serienreif und hätte zum GTI-Preis verkauft werden können.
Obwohl 1992 festgestellt worden war, dass Hybridfahrzeuge flexibler waren als rein elektrisch betriebene und sich daher eher für die Serienproduktion eigneten, begegnete Volkswagen dem Hybridantrieb in den folgenden zehn Jahre mit zunehmender Skepsis, und dass, obwohl sie mit dem Chico 1991 ein innovatives Stadtauto-Projekt auf die Räder gestellt hatten, das einen 6 kW starken Elektromotor mit einem Zweizylinder-Benzinmotor von 34 PS kombinierte. Weitere Hybrid-Forschungen auf Golf-IV-Basis folgten, doch diese Versuche erfolgten ohne dass die breite Öffentlichkeit davon Notiz genommen hätte. Erst im Jahr 2008 griff Volkswagen das Hybrid-Thema mit dem Golf TDI Hybrid wieder auf, der als Designstudie mit TDI- und Elektromotor sowie Siebengang-DSG auf dem Genfer Automobilsalon stand. Auch hier wurde zunächst ein umfangreicher, auf vier Jahre angelegter und von der Regierung unterstützter Feldversuch angekündigt, mit dem analysiert werden sollte, wie Hybridfahrzeuge im Alltag genutzt werden und welche Vorteile diese Technik im Zusammenhang mit der Gewinnung von Energie aus erneuerbaren Quellen bieten kann – als ob nicht bereits hunderttausende Prius-Hybride weltweit die Alltagstauglichkeit des Konzepts bewiesen hätten. VW jedenfalls nahm erstmals zwanzig Golf Variant TwinDrive in den Versuch, nicht mit einem TDI-Motor, sondern dem 1.4-TSI-Benzinmotor.
Allerdings war 2010 der erste Volkswagen mit Hybrid, der kam, der große Geländewagen Touareg; 2012 folgte dann der Jetta Hybrid, wenn auch in erster Linie für die USA gedacht.

Touareg V6 TSI Hybrid

Mit dem Modellwechsel im April 2010 meldete sich erstmals ein Hybrid-Antrieb zur Stelle, und es leuchtete durchaus ein, dass gerade das SUV-Dickschiff als erster Voll-Hybrid des Hauses antrat. Der zwangsbeatmete Sechszylinder-TSI mit

1976 baute die Abteilung Forschung und Entwicklung einen Golf zum Elektro-Hybridfahrzeug um. Wie immer: Ohne Schriftzüge hätte man es nicht bemerkt.

1992 debütierte auch ein Diesel-Hybrid mit 6-kW-Motor. In der Stadt kam er über 100 km weit bei einem Verbrauch von 2,5 Liter Sprit und 16,3 kWh Strom. Dieser »1-Wellen-Hybrid« entstand zusammen mit Bosch.

Bis zum Erscheinen 2010 änderte sich an diesem Parallelhybrid nur noch wenig. Das E-Werk brachte 52 PS und 300 Nm; die Maximalleistung lag bei 374 PS und 550 Nm.

Der Variant TwinDrive funktionierte bis 50 km/h als serieller Hybrid. Darüber schloss eine Kupplung, und der TSI-Motor wirkte zusätzlich auf die Antriebsachse. Die Gesamtleistung betrug dann 163 PS.

Unter der Haube des TwinDrive befand ein 1,5-l-TDI mit 77 kW / 105 PS; daneben saßen Generator und E-Maschine. In den hinteren Radnaben befand sich jeweils ein 30 kWh starker Elektromotor.

Mit dem Lohner-Porsche (»Semper Vivus«) betrat Ferdinand Porsche technisches Neuland: Er koppelte zwei Benzinmotoren an Generatoren und speiste so Radnabenmotoren und Batterien. Die voll funktionstüchtige Replik des »Semper Vivus« von 2011 entstand auf der Grundlage von originalen Konstruktionsskizzen und umfangreichen Recherchen.
(Foto: © Dr. Ing. h.c. F. Porsche AG)

Der 204 PS starke GTE wurde im September 2014 präsentiert. Die Reichweite im Elektromodus lag bei bis zu 50 Kilometern.

Beide Vollhybrid-Modelle sind baugleich und verfügen über den 150 PS starken 1.4-TSI-Benziner sowie eine 110 PS starke E-Maschine.

Hybrid ist nicht gleich Hybrid: Von den insgesamt fünf angebotenen Hybridmodellen sind drei Mild-Hybride mit Starter-Generator und 48V-Hochvolt-Bordnetz. Sie tragen die Bezeichnung »eTSI«. Dazu kommen zwei Vollhybride – Plug-In-Hybride PHEV – mit größerem Akku und stärkerem Elektromotor. Diese heißen »eHybrid« beziehungsweise »GTE«.

Im Hybrid-Modus entscheidet der Computer über die jeweils beste Antriebsart und regelt das Zusammenspiel der beiden Maschinen. Am Steuer – hier ein GTE – ist davon nichts zu merken.

HYBRIDFAHRZEUGE

Auch optisch identisch, unterscheiden sich die beiden Golf-VIII-Hybridmodelle in der Systemleistung: der eHybrid kommt auf 204, der GTE (Bild) auf 245 PS.

Alte Weisheit: Wer sparen will muss zuerst Geld ausgeben – 8000 Euro in diesem Falle, denn laut Liste ist ein 1.5 eTSI um diesen Betrag günstiger als ein eHybrid.

Achtgang-Automatik stammte eigentlich aus dem Audi-Regal und leistetet 333 PS, der Elektromotor steuerte 68 PS bei, sodass schließlich eine Systemleistung von 380 PS für Vortrieb sorgte. Der 79 kg schwere Nickel-Metallhydrid-Akku hatte eine Kapazität von 1,7 kWh, das war gar nichts: Lexus verwendete zu der Zeit bereits 35 kWh-Akkus. Der im August 2014 eingestellte Edel-VW kostete mindestens 74.500 Euro.

Golf GTE / eHybrid

2014 bot VW mit dem Golf GTE einen Plug-in-Hybriden an – als umweltfreundliches Sportmodell mit GTI-Genen. Der war eine echte Alternative zum e-Golf, denn Befürchtungen, unterwegs ohne Saft liegenzubleiben, musste hier niemand haben. Mit dem GTE setzten die Wolfsburger gleich von Anfang auf die Lithium-Ionen-Batterie-Technologie, dazu kamen die neuesten Steuer- und Regelsysteme. Der Kraftstofftank saß unter dem Kofferraumboden; die Batterie befand sich im Boden vor der Hinterachse und bescherte dem Golf einen Gewichtszuschlag von 120 Kilogramm. Wie beim Audi A3 e-Tron sorgte ein 1,4-Liter-TSI-Benziner mit 150 PS für Vortrieb, dazu kam ein 102 PS starker Elektromotor innerhalb des Getriebegehäuses; das Sechsgang-DSG war speziell für den Hybridantrieb entwickelt worden. Beide Motoren zusammen ergaben eine Systemleistung von bis zu 204 PS, die dem GTE beinahe GTI-gemäße Fahrleistungen bescherten: Laut Werk beschleunigte der GTE in 7,6 Sekunden auf hundert. Der GTE verfügte über fünf verschiedene Fahrmodi, gestartet wurde normalerweise im »E-Mode«, in dem nur der Elektromotor arbeitete. Damit schaffte ein GTE bis zu 50 emissionsfreie Kilometer, je nach Bedingungen. Der Ladevorgang an einer Haushalts-Steckdose dauerte drei Stunden und 45 Minuten, an speziellen Ladestationen nur zweieinviertel Stunden. Mit dem Wechsel zum Golf VIII verlor der GTE dann die prestigeträchtige Buchstabenkombination, wurde etwas komfortabler, hieß nun »eHybrid« und nutzte den bisherigen GTE-Antriebsstrang mit 204 PS Systemleistung. Der neue GTE indessen legte deutlich zu, seine Systemleistung lag jetzt bei 180 kW (245 PS). Beide Versionen hatten eine neue 13-kWh-Lithium-Ionen-Batterie, zuvor hatte der Energiespeicher eine Kapazität von 9 kWh besessen.

Golf eTSI

Mit dem Golf VIII tauchte eine weitere Abkürzung im Verzeichnis der Volkswagen-Verkaufsbezeichnungen auf. Sie stand für einen Riemen-Startergenerator, eine 48V-Lithium-Ionen-Batterie und TSI-Motoren der neuesten Generation. Angeboten wurden die Mild-Hybriden in drei Leistungsstufen mit 81, 96 und 110 kW, und man musste kein Prophet sein, um in diesen neuen Varianten die Vorboten weiterer 48V-Hybridmodelle zu erkennen.

Passat GTE

Im Juni 2015 erweiterte Volkswagen seine Hybrid-Palette um den Passat GTE. Er nutzte im Prinzip die Hybrid-Technik des Golf, hatte aber eine Systemleistung von 218 PS, denn der Elektromotor brachte es hier auf 115 PS. Rein elektrisch schaffte der Passat – gab's als Variant wie auch als Limousine – maximal 50 Kilometer. Noch nicht ganz so geschmeidig wie bei Hybrid-Pionier Toyota erfolgte der Wechsel zwischen den verschiedenen Antriebsarten. Die Ladedauer lag, je nachdem ob an der Haushaltssteckdose oder an der Wallbox Strom gezapft wurde, zwischen 2,5 und vier Stunden: Ein Mehr an Zugeständnissen verlangte der Mittelklasse-Weltmeister seinen Eignern nicht ab – mal abgesehen von der Preisgestaltung: Einen Variant gab es nicht unter 45.520 Euro.
Die zweite Generation des Plug-In-Hybriden ging im Herbst 2019 in den Markt. Volkswagen bezeichnete ihn als »die konsequente Weiterentwicklung des Hybrids« und verwies auf die um 31 Prozent größere Batteriekapazität, dank derer die Reichweite im Elektro-Betrieb auf bis zu 56 Kilometer gestiegen war. Der 156

HYBRIDFAHRZEUGE

PS starke TSI-Motor schaltete sich erst bei Geschwindigkeiten jenseits der 140 km/h (zuvor: 130 km/h) zu, oder wenn der Fahrer in einen anderen Betriebsmodus geschaltet hatte. Davon gab es jetzt nur noch drei statt deren fünf, nämlich den »E-Mode« (rein elektrisch, 115 PS), »GTE« (volle Leistung 218 PS, 222 km/h) und »Hybrid« (automatischer Wechsel).

Tiguan eHybrid

Mit der letzten Modellpflege setzte Volkswagen auch den Tiguan unter Strom, mit der üblichen Hybrid-Technik in Golf VIII-Konfiguration, also 1.4-Liter-TSI-Motor mit 110 kW / 150 PS, E-Kraftwerk mit 85 kW als Bestandteil des Sechsgang-DSG und 13-kWh-Lithium-Akku: »eher ausgreift als mitreißend«, so Tester Sebastian Renz von auto motor und sport, »aber ebenso effizient wie der ganze Tiguan.«

Der Tiguan, der weltweit meistverkaufte Volkswagen, ist seit Ende 2020 auch als eHybrid bestellbar. Die Systemleistung liegt bei 245 PS, die Ladegeschwindigkeit bei 3,6 kW,

Touareg eHybrid

Der Hybrid-Touareg des Jahres 2021 kam in zwei verschiedenen Plug-In-Versionen, je nach Ausstattung mit 280 kW (381 PS) oder 340 kW (462 PS) Systemleistung.

Arteon eHybrid

Die Volkswagen Hybridoffensive rollte weiter: Ab Ende November 2020 öffneten sich die Bestellbücher für den Arteon und den Arteon Shooting Brake als Plug-In-Hybridmodelle. Preise in Deutschland: ab 51.064,37 Euro für den Arteon eHybrid mit Schrägheck und ab 51.927,06 Euro im Falle des Arteon Shooting Brake eHybrid. Die Technik bot keinerlei Überraschungen. Angeboten in oberen Ausstattungslinien »Elegance« und »R-Line«, lag die Systemleistung bei 160 kW (218 PS) und das Drehmoment bei 400 Nm. Beide Arteon Modelle beschleunigen in 7,8 Sekunden auf 100 km/h und erreichen eine Höchstgeschwindigkeit von 222 km/h.

Der Aktionsradius der Plug-In-Hybride lag bei maximal 900 Kilometern. Rein elektrisch schaffte der Arteon aber lediglich 59 (Schrägheck) beziehungsweise 57 Kilometer (Shooting Brake).

Zu den interessantesten Features des Touareg eHybrid zählte der optionale Park Assist Plus. Bisher musste der Fahrer beim Parken noch Gas und Bremse betätigen, doch dank der Fernbedienung konnte er aussteigen und zusehen, wie das Auto den Rest erledigte.

Kernstück der VW-Hybridtechnik war, neben den acht vor der Hinterachse platzierten Lithium-Ionen Akkus, das neu entwickelte Sechsgang-DSG mit integriertem Synchronmotor und Trennkupplung. Und nichts davon war dem Passat GTE anzusehen.

Der Touareg-Hybrid war in den Ausstattungen »Atmosphere« und »Elegance« zu haben, mehr Leistung bot dann der Touareg R. Rein elektrisch kamen beide nicht mehr als 47 Kilometer weit, und für beide gab es den Park Assist Plus, mit dem der Touareg per Smartphone ferngesteuert ein- und ausparkte.

Nach den Versuchen mit dem Elektro-Transporter T2 folgte 1976 ein Elektro-Golf. Er tankte an einer umgebauten Parkuhr.

Zwanzig CityStromer der ersten Generation wurden zu Testzwecken an Privatfahrer abgegeben. Eine Serienfertigung fand nie statt, denn er hätte mindestens 50.000 Mark gekostet.

Der e-Golf erschien zum Sommer 2014. Die Batterieanordnung war anders als bei den Vorgängern, was zu einem Kofferraumvolumen von 279 Litern führte. Um die Akkus zu kühlen, wurde ein separater Kühlkreislauf installiert. Im Motorraum montiert, erhöhte der 115 PS starke Elektromotor – eine Asynchron-Permanentmagnet-Maschine – samt Getriebe, Differenzial und Ladeelektronik das Gesamtgewicht um lediglich 205 Kilogramm gegenüber einem herkömmlichen Diesel-Golf

ELEKTROFAHRZEUGE

Die Zusammenarbeit mit RWE führte zum Bau von 70 Golf II CityStromern mit 400 kg schwerem Bleibatterien und – April 1988 – einem Jetta II mit 276 kg schwerer Natrium-Schwefel-Akku.

Der CityStromer II von 1992/93 verfügte über einen 12 kW starken Gleichstrommotor, der an das Seriengetriebe angeflanscht worden war. Die Reichweite lag bei maximal 70 km. Insgesamt sollen 93 CityStromer II gebaut worden sein.

In den frühen 1970er Jahren gründete der Energiekonzern Rheinisch-Westfälisches Elektrizitätswerk AG (RWE) in enger Zusammenarbeit mit Volkswagen und Daimler-Benz ein Unternehmen, um ein Netz von Elektro-Tankstellen aufzubauen. Dort sollten die unter der Pritsche befindlichen leeren Batterien mit einem Gabelstapler gegen ein neues Batteriepaket ausgetauscht werden. Eine Flotte von 200 VW-Transportern sollte am Feldversuch teilnehmen, und tatsächlich entstanden in den 1970ern 90 Elektro-Transporter T2 mit verschiedenen Aufbauten.
Volkswagens erste Versuche begannen 1976 mit dem Einbau eines 20 kW / 27 PS starken Gleichstrommotors in einen Golf. Er beschleunigte bis auf 80 km/h in der Spitze und hatte eine Reichweite von etwa 50 Kilometern.
Technisch war der erste E-Golf recht simpel aufgebaut: Anstelle des 75-PS-Benzinmotors saß ein Gleichstrom-Elektromotor, der an das serienmäßige Vierganggetriebe angeflanscht war. Ein Bordlader ermöglichte das Aufladen der aus 16 Sechs-Volt-Bleiakkus bestehenden Batterie über die normale 220-Volt-Steckdose, was etwa zwölf Stunden in Anspruch nahm.
Im Jahr 1981 erfolgte zusammen mit dem Energieerzeuger RWE die Entwicklung des ersten Golf CityStromer. Etwa 25 Exemplare entstanden. Der E-Motor war etwas stärker – 24 kW – und etwas leistungsfähiger, er schaffte eine Reichweite von rund 60 Kilometern und wog – im Zeitalter der Blei-Batterien –gut 1,5 Tonnen.
Die zweite Generation des CityStromers auf Golf-II-Basis von 1985 nutzte die Technik des Vorgängers, ging aber mit 70 Modellen in den Feldversuch. Das Ladekabel befand sich hinter einer Klappe im Kühlergrill. 1987 gab es auch den Jetta als CityStromer. Von der dritten Golf-Stromer-Generation gelangten 1993 immerhin 120 Exemplare in Umlauf, theoretisch konnte man sie 1993 sogar kaufen. Die Batterie war hier für bis zu 90 Kilometer Reichweite gut. Außerdem verfügte er über eine Bremsenergie-Rückgewinnung (Rekuperation). Auf Stadtfahrten bei konstant 50 km/h waren Reichweiten von bis zu 90 Kilometern möglich. Das Aufladen der Akkus auf 80 Prozent dauerte anderthalb Stunden. Nach Abschluss der Versuche 1996 war klar: Man könnte, so denn die Kunden das wollten. Wollten sie aber nicht, das Elektrofahrzeugprogramm entschlummerte sanft und die Entwicklungskapazitäten konzentrierten sich auf den TDI-Diesel.
Erst 2011 entließ VW eine Flotte von 500 Elektro-Prototypen auf die Straßen, mit diesen »Golf Blue-e-motion« (basierend auf der sechsten Generation) begannen die Tests unter realen Bedingungen und mit der Technik, die dann 2013 mit dem Golf VII in Serie gehen sollte. Für Volkswagen hieß das: Weg von den kompromissbehafteten CityStromern, hin zu einem unauffälligen Fünftürer mit uneingeschränkter Alltagstauglichkeit, 115 Elektro-PS und einer Reichweite von 150 km. Der E-Motor an der Vorderachse brachte diesen Golf in 11,8 Sekunden auf 100 km/h. Hier kamen Lithium-Ionen-Akkus zum Einsatz. Die Akzeptanz der Kunden war jedoch eher gering – mit ein Grund dafür, dass VW sich 2013 bemüßigt sah, in einer dreistelligen Kleinserie den XL1 »Hybrid Supersportwagen« aufzulegen, um zu zeigen, dass es in Wolfsburg gewiss nicht an Innovationsfreude

1993 fand in der Schweiz zum letzten Mal die Tour de Sol statt. Doch bei solchen Rennen für Solar- und Elektroautomobile wirkte der CityStromer fast ein wenig deplatziert. Für die Szene damals war nämlich ein Horlacher (links) viel typischer als ein Golf.

mangelte. Der XL1 war frei verkäuflich, sofern man denn gewillt war, 110.000 Euro hinzulegen.

Den Golf III »City-Stromer« trieb ein 480 kg schweres Akkupaket an. Es bestand aus 16 Blei-Gel-Batterien, sechs im Motor- und zehn im Kofferraum. Das E-Werk leistete 18 kW.

e-up!

Die batterieelektrisch angetriebene Variante des VW up! kam 2013 auf den Markt. Ihr Elektromotor lieferte 54 PS (kurzzeitig konnten bis zu 82 PS abgerufen werden), die Reichweite war mit 130 km angegeben. Der Ladevorgang dauerte an einer Haushaltssteckdose acht Stunden, über einen Typ-2-Anschluss mit 16 A waren es 5,5 Stunden. 2019 erschien dann eine zweite Generation des e-up!, dessen Reichweite auf 260 km verdoppelt worden war. Allerdings hatte sich damit auch die Ladezeit einer komplett leeren Batterie an der Haushaltssteckdose auf etwas über 16 Stunden verdoppelt. Erhöht wurde im Juni 2020 aber auch die staatliche Kaufprämie für Elektroautos, und zwar auf 6000 Euro. Das ließ die Nachfrage so rapide anwachsen, dass die Lieferzeit auf über 15 Monate anstieg, weshalb VW im September 2020 einen Bestellstopp verhängte.

Der VW e-load up!, in der Lackierung präsentiert von der VWN als Blickfang auf der Hannover Messe im April 2014, ging nicht in Serie, wohl aber die Elektroauto-Limousine e-up!.

e-Golf

Der im Sommer 2014 auf den Markt gebrachte e-Golf auf Basis der siebten Golf-Generation machte dann einen deutlich geschliffeneren und ausgereifteren Eindruck als sein Vorgänger. Für Vortrieb sorgte weiterhin der 115 PS starke Elektro-Synchronmotor, aber er beschleunigte auf Tempo 100 in 10,4 Sekunden. Die Höchstgeschwindigkeit war elektronisch auf 140 km/h begrenzt, die Reichweite betrug bis zu 190 Kilometer, im Extremfall sogar bis zu 300 Kilometern. Die Modellpflege im Januar 2017 brachte auch Verbesserungen am Elektro-Golf: Seine Reichweite stieg auf bis zu 300 Kilometer und die Leistung des E-Motors auf 100 kW / 136 PS. Auch in Drehmoment und Beschleunigung legte der Golf-Stromer weiter zu. Unter 36.000 Euro war der e-Golf aber nicht zu haben, fast das Doppelte dessen, was für einen Basis-Golf hingeblättert werden musste. Das schränkte natürlich die Verbreitung stark ein, 2018 entschieden sich lediglich 13.539 Überzeugungstäter für den Wolfsburger Elektromeister. Umweltprämien und Zeitgeist aber sorgten für einen stetigen Zustrom an neuen Kunden, 2019 entschieden sich schon 22.141 Kunden für einen e-Golf – vier Mal so viel wie für einen GTE-Hybriden: Mit dem Wechsel zum Golf VIII im September 2019 waren die Bestelleingänge für den e-Golf stark angestiegen.

Wie andere Hersteller auch, bot Volkswagen seinen Kunden das Rundum-Sorglos-Paket mit so-genannten Wallboxen an. Die Strom-Tanke in der heimischen Garage kostete ab 599 Euro, das Installationspaket 1600 Euro.

Nachdem der elektrische Streifenwagen im Herbst 2014 auf der Internationalen Fachmesse für Poli-zeiausrüstung in Leipzig gezeigt worden war, konnte ihn die Polizei auf Helgoland im November übernehmen.

Nein, das ist kein normaler Lupo: Anfang der 2000er griff Volkswagen die alte Idee vom Radnabenmotor wieder auf. Das funktionierte einwandfrei. (Foto: © Kittler)

Der CityStromer III schaffte 100 km/h und eine Reichweite von maximal 90 Kilometern. Der nebenan tankende T4 beweist: Auch VWN forschte in Sachen Elektromobilität.

ALTERNATIVE ANTRIEBE

Nachdem am 24./25. Juni 1970 die Hauptversammlung der Audi-NSU Auto Union AG unter ihrem Vorsitzenden Kurt Lotz in Heilbronn die Fusion mit dem Volkswagen-Werk verabschiedete, kam in Gestalt des Ro 80 das erste Fahrzeug mit alternativem Antriebskonzept zum Konzern. Natürlich blieb er stets ein Außenseiter, doch gab sicher mit den Anstoß, innerhalb des Konzerns eine neue Abteilung zu etablieren, die sich mit der Zukunftsforschung beschäftigte. Ihre Aufgabe: Alternative Antriebskonzepte zu finden, denn wenn man den Prognosen des Club of Rome glaubte – und das war damals Konsens – gab es in den Neunzigern kein Öl mehr. Höchste Zeit also, sich etwas Neues einfallen zu lassen, und das bestand zunächst darin, eine alte Idee wieder aufzuwärmen: Die des Elektroantriebs. Ein zehnköpfiges Entwicklerteam stellte, als erstes Resultat der Bemühungen, dann den Elektro-Bulli vor. Die Reichweite lag bei 70 Kilometern, die Batterien wogen allerdings fast eine Tonne. Eine weitere Idee der Zukunftsforscher: Der Antrieb vermittels Gasturbine. Auch diese Idee war nicht neu, Rover hatte bereits Anfang der Fünfziger ein Experimentalfahrzeug vorgestellt. Die Umsetzung dieses Projekts war aber noch unrealistischer als der Umstieg zum Elektro-Antrieb. Im Panzerbau hat dieser Antrieb dann Karriere gemacht. Danach verlagerte sich das Interesse dann hin zum Pkw-Bau, Experimentalfahrzeuge der Volkswagen Nutzfahrzeuge machten nicht weiter von sich reden. Untätig war man bei der VWN in Sachen Elektro dennoch nicht, auch wenn erst die Nutzfahrzeug-IAA 2018 bewies, dass die Elektro- und Hybrid-Offensive bei VWN angerollt war.

Zu den ganz frühen Entwicklungen gehörte der GT 70, der T2-Kombi mit Turbinenantrieb. Die Idee war gar nicht so abwegig, verschiedene Autohersteller experimentierten schon lange damit.

Caddy Maxi HyMotion / Crafter HyMotion

Wie bei den Pkw auch, steht HyMotion für einen Antrieb mit Wasserstoff-Brennstoffzelle. VWN baute bereits 2009 einen Caddy Maxi für die kalifornische »Hydrogen Road Tour« vor und erprobte ihn dann noch mehrere Jahre, bevor er ins Museum wanderte. Er blieb ohne Nachfolger, und auch der Brennstoffzellen-Crafter, zur Nutzfahrzeug-IAA 2018 präsentiert, ist bislang nur eine Studie.

Volkswagen hat den Elektro-T2 von 1972 in Pritschen-, Kasten- und Bus-Form über mehrere Jahre hin erprobt, konzentrierte sich dann aber darauf, den Elektroantrieb in den Pkw zu bringen.

ABT e-Transporter / e-Caddy

Die zusammen mit der ABT e-Line GmbH entwickelten Elektro-Fahrzeuge sind bislang die einzige Möglichkeit, emissionsfrei Transporter und Caddy zu fahren. Auch hier erfolgte die Premiere zur Nutzfahrzeug-IAA 2018. In der Grundkonfiguration hat der Transporter eine Lithium-Ionen-Batterie mit einem Energiegehalt von 37,3 kWh an Bord; die zweite Batterieversion bietet einen Energiegehalt von 74,6 kWh. Das Reichweitenspektrum der zwei Versionen liegt zwischen 208 und 400 km. Gleichzeitig mit dem e-Transporter ging auch der ABT e-Caddy an den Start. Er basiert auf dem verlängerten Caddy Maxi und kommt auf eine Reichweite von bis zu 220 km.

MOIA

Ridesharing-Konzept von Volkswagen, das seit Dezember 2016 aktiv ist und in Hamburg »die Mobilität von Menschen im urbanen Raum« neu definieren möchte. Der Crafter (der nicht so heißt, sondern MOIA+6) fährt vollelektrisch; wird per App gebucht und sammelt die Fahrgäste an festgelegten Haltepunkten ein, die in die gleiche Richtung unterwegs sind. Über einen Algorithmus werden diese Routen miteinander kombiniert und geplant. Technische Basis ist der eCrafter, eine Batterieladung reicht für 300 Kilometer Strecke. Das Shuttlebus-System ist auch in Hannover im Einsatz, zunächst mit benzingetriebenen Transportern, die mittelfristig durch E-Fahrzeuge ersetzt werden.

Der ABT e-Transporter basiert auf der Caravelle-Version des T6 mit langem Radstand. Gedacht ist er für den Einsatz im Taxibetrieb; der Neunsitzer hat, je nach Batteriepaket, eine Reichweite von 200 bis 400 Kilometer.

ID. Buzz / Cargo

Die beiden Elektro-Studien, unterhalb des Crafter wurden bei den großen nordamerikanischen Automessen 2018 gezeigt als Bus in Detroit und als Lieferwagen in Los Angeles. Beide Versionen unterscheiden sich, bei gleichem Radstand von 3300 mm, in Länge und Optik, und basieren auf dem Modularen Elektrobaukasten.

Der MOIA Transporter wurde auf dem Genfer Salon 2018 präsentiert; Design und Konzept stammen von der VW-Tochter; typisch ist die Lackierung.

Die Produktion des ID. Buzz soll 2022 in Hannover-Stöcken anlaufen. Als erster Volkswagen soll er auch in der Lage sein, autonom zu fahren. Bei der Entwicklung der Software arbeitet man mit Ford zusammen.

Der ID. Cargo darf 0,8 Tonnen Nutzlast schleppen. Unterhalb des Crafter angesiedelt, hatte die zumindest technisch seriennahe Studie ihren ersten großen Auftritt als Werkstattwagen des ID. R Pikes Peak, des Elektro-Rennwagens.

CONCEPT CARS

ARVW

Weltrekord-Studie von 1980, als Antwort auf die Rekordfahrten des Mercedes-Benz C 111-III. Der ARVW (Aerodynamic Research Volkswagen) war ein fünf Meter langer und nur 800 kg schwerer Monoposto mit einem cW-Wert von 0,15, Gitterrohrrahmen und einem Aufbau aus Alu, GfK und Karbon. Der 2,4-Liter-Diesel-Motor aus dem VW LT war hinter dem Fahrersitz montiert und leistete 175 PS. Ende 1980 stellte das Experimentalfahrzeug auf dem Hochgeschwindigkeitskurs von Nardo zwei Welt- und acht Klassenrekorde auf, in der Spitze wurden 362 km/h gemessen.

Vario

Der Volkswagen Vario war eine Designstudie auf Golf-Syncro-Basis, die 1991 in Frankfurt gezeigt wurde. Es gab den radikal offenen Vario I und den Vario II nach Entwurf eines Schweizer Studenten mit stählernem Vario-Klappdach. Auch die Form von Front- und Heckleuchten galt als durchaus zukunftsfähig.

W12 Coupé

Mit dem Zwölfzylinder-Sportwagen knackte Volkswagen 2001 zehn Rekorde auf dem Hochgeschwindigkeitskurs von Nardo, darunter war unter anderem mit 295,24 km/h der Geschwindigkeitsweltrekord über 24 Stunden. Der W12-Biturbo-Motor mit 6,0 Litern Hubraum und 750 Nm Drehmoment fand sich dann auch in der für das Treffen am Wörthersee 2007 gebauten GTI-Studie

Einliter-Auto L1

Straßenzugelassene Studie, mit der Volkswagen 2002 den Beweis erbrachte, dass ein 1-Liter-Auto technisch machbar war. Der 1,25 Meter breite Tandemsitzer verfügte über einen Einzylinder-Dieselmotor mit einem Hubraum von 299 cm^3, der quer vor der Hinterachse positioniert war. Er leistete 8,5 PS und verhalf dem Dreirad im Stil früherer Kabinenroller zu einer Höchstgeschwindigkeit von 120 km/h.

XL Sport

Der XL Sport war die interessanteste Studie des Jahres 2014. Die technische Basis legte der sündteure, nur 250 Mal gebaute Technologieträger XL1, allerdings sah der XL Sport wesentlich gefälliger aus, was an den anderen Abmessungen lag: Der XL Sport war 4291 mm lang (XL1: 3888 mm), 1847 mm breit (XL1: 1664 mm) und 1152 mm hoch (XL1: 1153 mm); außerdem hatte der Radstand um 20 auf 2424 mm zugelegt. Dieser Hingucker hatte den 1,2-Liter-V2 der Ducati 1199 Superleggera im Heck, der hier mit dem famosen 7-Gang-DSG zusammengespannt worden war. Diese Kombination beschleunigte den Sportwagen in 5,7 Sekunden von Null auf 100 km/h und drehte bis 11.000 Touren. Die Höchstgeschwindigkeit betrug 270 km/h.

ID.R Pikes Peak

Der ID.R als das erste rein elektrisch angetriebene Rennfahrzeug von Volkswagen avancierte zum sportlichen Aushängeschild der kommenden ID. Familie. Die Speerspitze von Volkswagens Elektro-Offensive ging, nach einer Entwicklungszeit von nur 250 Tagen, bei der 2018er Auflage des legendären Bergrennens »Pikes Peak International Hill Climb« in den USA an den Start. Der 500 kW (680 PS) starke Sportwagen-Prototyp pulverisierte den bisherigen Streckenrekord.

I.D. Buggy

Der ID. BUGGY vom März 2019 sollte »die Idee der Dune-Buggys der 1960er Jahre in das Zeitalter der Elektromobilität« transferieren. Aufgebaut auf dem MEB mit volldigitalem Cockpit.

Um Daimler-Benz den Weltrekord für Diesel-Fahrzeuge abzujagen, entwickelte Volkswagen den ARVW, der 1980 in Nardo zahlreiche Rekorde knackte. (Foto: © Anefo)

Elektromobilität kann auch Spaß machen: Der ID. Buggy zeigte eine weitere Facette des MEB-Baukastens.

Zum Ende des 20. Jahrhunderts war der Optimismus noch grenzenlos, und VW baute Zwölfzylinder-Supersportwagen mit und ohne Dach.

Der Vario I wie auch der Vario II standen auf dem Salon in Genf 1991. Die technische Basis legte der VW Golf Syncro.

Das Einliter-Auto L1 war ein Lieblingskind von VW-Chef Piëch. Zur Hauptversammlung 2003 fuhr er im karbonschwarzen Prototypen von Hannover nach Hamburg.

Nach nur 250 Tagen Entwicklungsarbeit erstürmte der ID.R als Speerspitze von Volkswagens Elektro-Offensive am 24. Juni 2018 den Pikes Peak. Der Elektro-Renner schnappte sich den absoluten Streckenrekord am Berg. Weitere Erfolge schlossen sich an, auf der Nürburgring Nordschleife unterbot ID.R den Rundenrekord für Elektro-Rennwagen um mehr als 40 Sekunden.

Auf der Automesse in Katar 2011 enthüllte Volkswagen den XL 1, das »effizienteste Auto der Welt«. Von diesem Plug-in-Hybriden mit TDI-Motor wurden 200 Stück gebaut.

Der XL Sport wurde zwischen 2014 und 2016 als Weiterentwicklung des XL 1 gebaut. Statt der Kombination aus Elektro- und Dieselmotor sorgte hier ein Ducati-Motor für Vortrieb.

Teramont

VOLKSWAGEN WELTWEIT

Volkswagen und der Käfer waren von Anfang an ein globales Phänomen, und schon in den 1950er Jahren erfolgte die Montage aus Teilesätzen an einem Dutzend Standorte weltweit. In der Regel erfolgte die Produktion in Zusammenarbeit mit dem jeweiligen Importeur vor Ort, VW-eigene Werke im Ausland gab es bis Ende der 1970er Jahre nur in Brasilien und Mexiko. Mexiko allerdings fungierte stets als verlängerte Wolfsburger Werkbank. In den 1980ern begann der Aufstieg von Volkswagen zum weltweit agierenden Mehrmarken-Konzern, der 115 Produktionsstätten rund um den Globus betreibt. In diesem Kapitel werfen wir einen Blick auf die Volkswagen jener Tochtergesellschaften, die nicht in Europa verkauft werden.

VW

Volkswagen of America

Bereits 1957 hatte Volkswagen in den USA Autos bauen wollen und eine Anlage in New Jersey für die Käfer-Montage gekauft, das Werk aber wieder abgestoßen, nachdem eine Studie nachgewiesen hatte, dass eine Montage vor Ort kaum Kostenvorteile bot. Die Idee wurde in den 1970er Jahren wiederbelebt, nachdem aufgrund der Wechselkurse die Preise für Auto-Importe explodierten. Daher wurde ein ehemaliges Chrysler-Werk in Pennsylvania gekauft. Die Anlage in Westmoreland ging im April 1978 in Betrieb und wurde, nach anhaltenden Misserfolg, 1987 wieder geschlossen. Produziert worden waren der Golf I (»Rabbit«), der Golf II und der Jetta I, die durch die Anpassung an den US-Geschmack viel von ihrem Charme eingebüßt hatten. Eine eigenständige Entwicklung indessen war der erste Caddy. Mit einem eigenen Werk ist Volkswagen erst seit 2011 wieder vertreten. Das neu eröffnete Werk in Chattanooga, Tennessee, war zunächst auf die Produktion des US-Passat ausgelegt, der 2012 auf den Markt kam und sich in einigen wesentlichen Punkten – vor allem in der Länge – vom deutschen Pendant unterschied. Zur Unterscheidung von den Europa-Modellen wurde er mitunter als Passat NMS, »New Midsize Sedan« bezeichnet, und in dieser Form läuft er auch in China in einem FAW-Werk vom Band. Außerdem wirkte er weniger hochwertig, war aber dafür preisgünstig. 2020 wurde der US-Passat runderneuert und mit neuester Technik versehen. Bis zu dem Zeitpunkt waren bereits 700.000 Passat gebaut und verkauft worden – und über 100.000 Atlas.
Dieser, ein SUV-Siebensitzer, war im Oktober 2016 präsentiert worden und gehörte zu den unglaublich populären Midsize-SUV. Er füllte die Lücke zwischen Tiguan und Touareg. Der Fünfmeter-Kreuzer mit dritter Sitzreihe und 583 bis 2741 Liter Kofferraum war auch mit 4Motion zu haben. Ab Ende 2017 wurde dieser große SUV dann auch in den Märkten Russland und Naher Osten angeboten, dann unter der in China verwendeten Bezeichnung »Teramont« und 4Motion. Zweite Atlas-Variante war das SUV-Coupé »Atlas Cross Sport« von 2019, mit flach abfallendem Heck, Voll-LED-Scheinwerfern und modifizierter Heckpartie. Mehr als fünf Personen dürfen aber nicht mitfahren. Rund 3800 Menschen arbeiten im US-Werk, und es sollen noch mehr werden, denn dort sollen auch die Elektrofahrzeuge der ID. Familie gebaut werden. Der Vollständigkeit halber muss noch der VW Routan erwähnt werden, ein auf den Chrsyler-Bändern zwischen 2008 und 2013 gebauter Voyager-Van. Der Sharan war für die USA nicht geräumig genug.

Der erste Versuch, ein Fahrzeug für die USA zu bauen, führte zum »Rabbit«. Für dessen Produktion war ein Werk gekauft worden. Der Versuch scheiterte kläglich.

Volkswagen Argentina

Volkswagen etablierte sich 1980 in Argentinien mit zwei Produktionsstätten und führte 1987 seine südamerikanischen Aktivitäten mit Ford zusammen. Die neue »Autolatina S.A.« hielt bis 1995. Die heutige Volkswagen Argentina mit dem Stammwerk Pacheco gründete 2001 in Córdoba ein zweites Werk für die Getriebefertigung. Hierzulande bekanntestes Produkt war der Amarok, wichtig für den südamerikanischen Markt war der Suran (2005-2019), eine Variante des brasilianischen VW Fox. 2020 ist mit dem »Taos« das erste in Argentinien produzierte SUV vorgestellt worden, der ebenso wie der »Nivus« in enger Zusammenarbeit mit dem brasilianischen Werk entstanden ist.

Der Suran war eines der wenigen eigenständigen Modelle der Volkswagen Argentina. Genau genommen aber handelte es sich um eine Variante des brasilianischen Fox.

Volkswagen Australasia

Gegründet 1957 als CKD-Werk in Melbourne zur Käfer-Montage, begann 1959 begann dort die Produktion der unverwüstlichen Krabbler, zwischen 1963 und 1968 wurde dann auch der Typ 3 aufgelegt und zwischen 1974 und 1977 auch Passat und Golf. Nachdem sich die industriepolitischen Rahmenbedingungen immer weiter verschlechtert hatten, stellte Volkswagen die Produktion 1977 endgültig ein. Die Werksanlagen nutzte Nissan weiter. Einzig eigenständiges Modell blieb der Country Buggy.

Um der extrem erfolgreichen asiatischen Konkurrenz Paroli bieten zu können, entwickelte Volkswagen of America eine Passat-Variante, die dann auch in China gebaut wurde.

Der Atlas Cross Sport von 2019 als Coupé-SUV wird nicht in Deutschland verkauft. Für Vortrieb sorgen aber die auch bei uns bekannten Motoren, der quer eingebaute 2.0-Liter-TSI und der 3.6-Liter VR6.

Größer als ein Touareg, aber günstiger als Tiguan und überraschend wertig verarbeitet – so lautete, in Kurzform, das Fazit der deutschen Presse. Ein tristes Sparmobil war der Volkswagen Atlas sicher nicht. Zunächst beschränkte sich die Verbreitung des Siebensitzers auf die USA, später begann der Verkauf in Russland und im Nahen Osten. Er hieß dort und in China »Teramont«.

Der kurzlebigen Liaison mit dem drittgrößten US-Autobauer entsprang der Routan: Bei ihm handelte es sich um einen waschechten Chrysler Voyager der fünften Generation.

VW

umgestellt, wie sie auch im deutschen Passat zu finden waren (und teilweise auch nach Deutschland geliefert wurden); die Ära der Luftkühlung beim Gol endete 1987 mit dem Zusammenschluss mit Ford Brasil zum Gemeinschaftsunternehmen »Autolatina«, das bis Januar 1995 existierte. An der Position des Gol (Autolatina baute ihn dann auch in Argentinien) änderte sich durch die neue Gesellschaftsstruktur nichts, es gab ihn aber zeitweilig auch mit 1,6-Liter-Ford-Motor. Der Modellwechsel im September 1995 rückte den Gol optisch nahe an den Polo III, es kamen neue Motoren und –Varianten, die als Spar-Versionen das Unterzeug der früheren Generationen auftrugen. VW Gol wurden ab 1998 auch nach Mexiko geliefert und dort als »VW Pointer« verkauft, während die in Brasilien verkauften »VW Apollo« umettiketierte Ford Escort waren. Die Gol-Generation von 2003 zementierte die Vormachtstellung von VW auf dem südamerikanischen Markt, weil dieser Gol das erste Fahrzeug überhaupt war, das mit Benzin, Ethanol oder beidem betrieben werden konnte. »Total Flex« nannte Volkswagen diese Technik, und heute ist in Brasilien kein Auto mehr, egal welcher Marke, ohne diese Technik verkäuflich.

In den 2010er Jahren aber geriet Volkswagen, wie die gesamte südamerikanische Wirtschaft, in eine Flaute. Die Marktanteile bröckelten, und Fahrzeuge wie der auch in Deutschland verkaufte Fox konnten kaum etwas gegen den Absturz tun. Daher wurde ein milliardenschweres Investitionsprogramm beschlossen, das, dem MQB sei Dank, die Einführung und Entwicklung von 20 neuen Modellen – darunter mindestens vier SUV – bis 2025 vorsieht. Allein 13 davon sollen in den vier brasilianischen Werken (Anchieta, Curitiba, Sao Carlos, Taubaté) gebaut werden. Der erste neue MQB-VW war der »Novo Polo« von 2017, gefolgt vom kompakten »Virtus« und dem »T-Cross«. Große Hoffnungen setzt man auf den auch in Argentinien zu fertigenden »Nivus«. Dieses SUV soll, als erste südamerikanische VW-Konstruktion, ab 2022 auch in Europa entstehen.

Während der VW Apollo einen Stufenheck-Escort III darstellte, lief der Escort IV-Klon, je nach Markt, als Gol oder Pointer.

In ersten Tests sprintete der Nivus in 10,3 s von 0 auf 100 km/h und stand, dank der vier Scheibenbremsen, nach nur 36,1 m aus einer Geschwindigkeit von 100 km/h.

Virtus, Nivus und T-Cross basieren auf dem 2017er Polo und haben einen Radstand von 2,65 m. Mit 415 Litern hat der Designer-Polo aber den größten Kofferraum.

Der Nivus soll Ende 2021 nach Europa kommen. Technisch gesehen ist er ein Polo, unter seiner Haube steckt der 1.0 TSI mit 116 PS Leistung im Normalbetrieb und 128 PS bei Ethanol-Betankung. Die Kraftübertragung übernimmt eine Sechsgang-Automatik

Der Stufenheck-Polo »Virtus« ist fast 4,50 m lang. Typisch für brasilianische Volkswagen ist das schlechtwegetaugliche Fahrwerk mit langen Federwegen und Unterbodenschutz für den Tank. Wie jeder Volkswagen seit 2003, verträgt der Virtus reines Ethanol.

VW

Volkswagen do Brasil – Kit Cars & Coupés

Bei Volkswagen do Brasil entstanden auch einige außergewöhnliche Coupés, die auf Typ 3-Plattform entstanden: Volkwagen bot gleich zwei davon an, teilweise sogar parallel. Der Hintergrund dieser Begeisterung für sportliche Formen ist leicht erklärt: In Südamerikas größter Volkswirtschaft war die Einfuhr von Sportwagen praktisch verboten. Volkswagen reagierte darauf mit dem Karmann-Ghia TC 145. Dieser Entwurf der 1959 gegründeten Auslandstochter von Europas größtem unabhängigem Karosseriewerk war 1970 erschienen. Mit seinen italienischen Linien wirkte der TC wie ein kleiner Ferrari, der Entwurf war eine Karmann-Eigenentwicklung. Seine Produktion endete 1974 nach gut 18.000 gebauten Fahrzeugen.

Ganz anders dagegen das SP-Coupé. Dieses 900 kg schwere Sportcoupé war noch unter Leidings Ägide von den Formgestaltern in Brasilien gestylt worden. Der Mannschaft unter Designchef Schmiemann (Ex-DKW/Basilien) soll es angeblich langweilig gewesen sein, und so hätten sie diesen wunderbaren, 1,16 Meter hohen Zweisitzer entwickelt. Der oberste Boss, Leiding, sei so entzückt gewesen, dass er nur die 412-Scheinwerfer angebracht wissen wollte, und dann Grünes Licht gab. Die technische Basis entsprach mit hinterer Pendelachse und Scheibenbremsen vorn der Limousine. Auf der deutschen Industriemesse im April 1971 als Studie gezeigt (damals unter der Bezeichnung »Star«) erfolgte die Markteinführung Juni 1972 als SP-1 (mit dem 1,6-l-Flachmotor und 54 PS Leistung) sowie als SP 2 (1,7 l, 65 PS). Produziert wurde in erster Linie die auf 1678 cm³ aufgebohrte stärkere Ausführung des 160 km/h schnellen Zweisitzers. Die Fertigung erfolgte bei der Karmann do Brasil. Die geplante Tagesproduktion sollte 40 Wagen betragen, die Aufnahme des US-Exports war geplant. Doch offiziell verließen nur 681 SP Brasilien, 155 davon landeten im westafrikanischen Nigeria. Insgesamt entstanden bis 1976 exakt 11.123 Fahrzeuge, andere Quellen sprechen von nur 10.205 Wagen.

Unabhängig von Karmann und dem brasilianischen Auto-Giganten entstanden die Puma-Modelle. Sie nutzten aber Volkswagen-Technik. Die Kunststoff-Coupés der Firma Lumimari in Sao Paulo waren 1965/66 für die technische Basis des DKW Au 1000 entwickelt worden, der in Brasilien unter Lizenz produziert wurde. Nachdem DKW sich vom Zweitakt-Dreizylinder verabschiedet hatte, wechselte Puma (so hieß die Firma in der Ave. Presidente Wilson seit 1967) auf die gleich um die Ecke gebauten VW 1600 von VW do Brasil. Die knapp vier Meter langen Kunststoff-Zweisitzer mit dem um 250 mm verkürzten VW-Unterbau namens GT 1600 gab es auch als Cabrio; in kleiner Stückzahl gelangte der Puma auch nach Europa als GTE (wobei das E für Export stand). Die Exportversion war höher verdichtet und leistete rund 90 PS. Laut zeitgenössischen Testberichten bot ein GTE Fahrleistungen auf 914-Niveau.

1979 – auf dem Genfer Salon war eine überarbeitete Version vorgestellt worden – nahmen dann Pläne Gestalt an, den Puma dann auch in Deutschland zu bauen. Daraus wurde aber nichts, die Firma ging 1980 in Konkurs.

Der TC von 1971 mit großer Heckklappe wurde bei der brasilianischen Karmann-Tochter gebaut. Der Vertrieb erfolgte über das Händlernetz von Volkswagen do Brasil.

Einige wenige SP-Coupés gelangten nach Europa, ein Wagen ging angeblich auch an die Frau des Vorstandsvorsitzenden Leiding. Heute gehört ein SP-2, Baujahr 1973, aus dem Bestand der Stiftung Automuseum Volkswagen zu den Stars jeder Veranstaltung.

Zum Bestand der Autostadt gehört ein Gurgel Xavante X12. Der Wagen, Baujahr 1978, wurde zwischen 1969 und 1995 in der Firma des Herrn Gurgel gebaut. Vom brasilianischen Einfachst-Geländewagen gelangten ab 1976 acht Stück die Niederlande. Die Technik kam vom Käfer.

In Brasilien war die Einfuhr von Sportwagen praktisch unmöglich, was die relative Angebotsvielfalt erklärt: Mit SP, Karmann TC und Puma GT standen zeitweise drei Coupés mit Typ-3-Technik im Angebot.

VW do Brasil war die einzige VW-Tochter, die Fahrgestelle an Fremdhersteller lieferte – in dem Fall an Puma. Der Kleinserienhersteller baute rund 20 Fahrzeuge im Monat, VW do Brasil über 1000 pro Tag. Wichtigster Exportmarkt für den zierlichen, rund 730 Kilogramm schweren Zweisitzer war die Schweiz.

Die Coupés waren auch in Hinblick auf den US-Export entworfen worden, allerdings zerschlugen sich angesichts der Zulassungsvorschriften wie auch der Ölkrise diese Pläne.

Der 2012 eingeführte Modulbaukasten ist vielseitig wie ein Schweizer Taschenmesser und lässt sich nahezu nach Belieben strecken – auf lastwagenmäßige 3,18 m Radstand zum Beispiel. Denn so viel Platz hat der Luxus-Van VW Viloran zwischen den Achsen. Der Siebensitzer mit Ledersitzen, elektrischen Schiebetüren und jeder Menge Luxus-Features wie elektrischen Fußstützen wird zunächst mit zwei 2.0-Liter-TSI-Benzinern angeboten, mit 184 und 220 PS und Siebengang-DSG. In China wird er seit Mitte 2020 verkauft, er wird auch in Russland erwartet.

Die Volkswagen Group China umfasst 33 Werke und hat mehr als 100.000 Mitarbeiter. Die Lavida-Familie umfasst mittlerweile vier Modellreihen aus zwei Generationen. Hier ein Cross-Lavida von 2013.

Große Autos sind in China sehr beliebt und werden oft von Chauffeuren gesteuert. Die meisten Firmenchefs und hohen Beamten lassen sich fahren und sitzen deshalb hinten. Dem trägt der »Phideon« auf Audi-Längsplattform Rechnung, hier in der bis 2020 gebauten Ausführung.

Der Jetta wird in China unter verschiedenen Namen und in verschiedenen Fabriken gebaut. Bei FAW heißt er Sagitar, bei SAIC Lavida, daher sind auch Modellzyklen unterschiedlich. Im Bild die zweite Generation, gebaut zwischen 2012 und 2018. Die neue Generation basierte dann auf dem MQB.

Der Lamando wird seit November 2014 produziert. Das viertürige Stufenheck-Coupé basiert natürlich auf dem MQB und hat bei einer Gesamtlänge von 4,60 Metern einen Radstand von 2,65 Metern.

Volkswagen in China

Die Bedeutung des chinesischen Marktes für die Weltwirtschaft muss nicht weiter betont werden, wohl aber die Vorreiterrolle, die Volkswagen unter Carl H. Hahn bei der Motorisierung des Landes spielte. Kein anderer Wirtschaftsboss hat dessen strategischen Weitblick besessen und auch den Mut und die Durchsetzungskraft, diese Visionen umzusetzen. Das erforderte einen langen Atem, denn ohne die kommunistische Staatsführung ging nichts. Die erkannte zwar den Wert einer starken Automobilindustrie für das Wachstum eines Landes, ließ dies aber gleichzeitig nur unter vielen Auflagen und unter Beteiligung chinesischer Partnerfirmen zu. Und in Ost und West war das Misstrauen groß, erst 1978 nahmen die Bundesrepublik Deutschland und die Volksrepublik China diplomatische Beziehungen auf. In dieser Zeit entstanden die ersten Überlegungen einer Volkswagen-Montage in China. Allerdings war schon damals klar, dass angesichts des riesigen Marktes und der gewaltigen Dimensionen des Landes eine Produktionsstätte nicht ausreichen würde. Nachdem Hahn 1982 den VW-Chefsessel erklommen hatte, forcierte er die Verhandlungen und erzielte den Durchbruch: Als erster ausländischer Automobilhersteller schloss Volkswagen 1984 einen Joint-Venture-Vertrag mit Gründung der »Shanghai-Volkswagen Automotive Company« (SAIC) zum Bau des Santana. 1991 folgte mit FAW-Volkswagen (das dann vor allem mit Audi zusammenarbeitete) der Aufbau ein weiteres Joint-Venture zur Jetta-Produktion in Changchun, wobei der chinesische Staat zunächst mit 60 % die Mehrheit hielt, Volkswagen 30 % und Audi 10 %. Inzwischen halten Volkswagen und Audi 49 %, mehr geht nicht. China ist mit einem Anteil von fast 50 % der weltweiten Auslieferungen der größte Einzelmarkt von Volkswagen. Beide Joint-Venture-Partner haben inzwischen eine ganze Palette eigener Fahrzeuge entwickelt und eine verwirrende Fülle an Fahrzeugen auf den Markt gebracht. Anders als in Europa bedeutet nämlich ein Modellwechsel keineswegs das baldige Aus für das bisher gebaute Modell: Leicht überarbeitet und mit neuer Bezeichnung versehen, werden diese oft noch lange weiter gebaut. Die Einführung des MQB-Baukastens hat die Typenvielfalt noch weiter anschwellen lassen.

Shanghai Volkswagen Automotive (SAIC)

1985 rollte bei SAIC der erste China-Santana vom Band. Er basierte auf dem deutschen Passat B2 und hatte den 1,6 Liter mit 87 PS, 1987 folgte als zweiter Motor der 1.8 mit 94 PS. Letztes Baujahr für den 1.6 war 2006. Der Santana 2000 aus dem Milleniumsjahr basierte auf dem brasilianischen Modell, war aber etwas länger und hatte einen Radstand von 2656 mm. Ihn löste 2008 der Santana Vista ab. Der Santana 3000 von 2004 hatte erstmals ein bei SAIC entwickeltes Design. SAIC erweiterte sein Produktportfolio ständig und beschränkte sich dabei nicht nur auf den eigentlichen VW-Baukasten: Der Passat Lingyu (2005-2009) war ein umgerüsteter Skoda Superb I. Erstes eigenständiges SAIC-Modell war der Lavida, eine Stufenheck-Limousine mit verlängerter Golf-Plattform, die im Frühjahr 2008 auf der Auto China Peking als 1.6 und 2.0 debütierte. Im April 2012 folgte die Neuauflage, die Optik erinnerte an den Passat. Im April 2013 gab's neben der Stufenheck-Limousine nun auch einen Kombi, den Gran Lavida, und einen auf Offroader getrimmten Cross Lavida. Ein halbes Jahr nach der Lavida-Premiere durfte auch der inzwischen 27 Jahre alte Santana in Rente gehen. Der Name bezeichnete nun einen Ableger des 2010er Jetta und ab 2015 mit dem Zusatz »Gran« einen Schrägheck-Fünftürer, während die Modellpalette um einen Kombi (C-Trek) wuchs. SAIC baut inzwischen auch den Passat, wobei seit 2016 der unabhängig vom deutschen Original für China und die USA entwickelte Passat NMS die Basis bildet. Ebenfalls von SAIC kommt seit 2016 der Phideon, die VW-Ausgabe des in China gebauten Audi A6 lang.

Mit einer Länge von 5,37 m gehört auch der 2019 Viloran nicht gerade zu den kleinen Autos; der siebensitzige Mini-Van basiert auf dem MQB. Die weltweite

VW

SUV-Variante des Konzerns, in der zweiten Hälfte der 2010er Jahre beschlossen und verkündet, kann natürlich nicht ohne die Produktionsstätten in China gelingen. Was in den USA als Atlas verkauft wird, heißt in China Teramont, und wenn noch ein »X« angefügt wurde, handelt es sich um die Coupé-Variante des Atlas Cross Sport.

Der Tacqua, Ende 2019 gezeigt, ist die China-Variante des T-Cross und das kleinste SUV von FAW-Volkswagen.

FAW-Volkswagen Automotive

Nach dem Produktionsende des Jetta stellte FAW auf den Jetta König um, der einen Jetta II mit Passat B4-Vorderwagen darstellte. Aufgefrischt zum Jetta Pionier, endete die Produktion erst 2013. FAW nahm stattdessen den Jetta Night als Band, der wiederum eine eigenständige Kreation war, aber technisch eng mit Seat und Skoda verwandt. Das Facelift 2016 brachte 2016 den New Jetta, der dann seinerseits 2019 als VA3 das Einstiegsmodell der neuen Sub-Marke Jetta bildete.

Der Wagen, den wir als Jetta kennen und der nach 2010 vor allem in den USA verkauft wurde, lief bei FAW unter dem Namen Sagitar vom Band, es gab ihn auch als Bora, beide zuletzt 2018 erneuert. Der Magotan hingegen, ebenfalls von FAW seit 2007 gebaut, war ein B6-Passat, sein Nachfolger von 2011 ein B7 in der verlängerten US-Ausführung. Der B8-Magotan kam 2016.

In Sachen SUV hat FAW seit 2018 den Tayron auf MQB-Plattform im Angebot; mit »X« dann wieder als SUV-Coupé ohne Entsprechung im deutschen Angebot, auch der 2018er Tharu ist ein SUV, das deutschen Käufern vorenthalten wird. Dafür aber werden die US-Käufer in den Genuss kommen, 2021 wird der Wagen als »Taos« in Mexiko produziert werden. Beim Tacqua hingegen handelt es sich um einen verlängerten T-Cross.

Seit September 2019 ist »Jetta« zur Marke erhoben worden. Hauptzielgruppe sind ein junges, urbanes Publikum, das findet ein Modellprogramm, bestehend aus VS7, dem SUV VS5 sowie dem Jetta, der jetzt VA3 heißt. Produziert wird bei FAW.

Der Tharus ist eigentlich die Tayron-Version von SAIC. Er soll ab 2021 in Mexiko für den US-Markt gebaut werden und wird dort Taos heißen.

Der Tayron, 2018 eingeführt, ist ungefähr mit dem langen Tiguan zu vergleichen. Unter der schicken Schale trägt er wieder das bekannte MQB-Unterzeug. Mutmaßlich wird er beim Tiguan-Modellwechsel 2023 den Allspace ersetzen.

Nach 29 Jahren erschien 2012 die zweite Santana-Generation. Es gab ihn als Trendline, Comfortline und Highline und mit 1,4-Liter- (66 kW / 90 PS) und 1,6-Liter-Vierzylinder (81 kW / 110 PS).

»Jetta« steht seit 2019 nicht mehr für ein Auto, sondern ein Lebensgefühl. Die Stufenheck-Limousine gibt es aber dennoch weiter, sie heißt jetzt nur anders, nämlich VA3, und hat sich frisch gemacht.

Die FAW-Gruppe baut aktuell oder in naher Zukunft die SUV-Modelle Tayron, T-Roc, Tacqua und Tharus. Als Crossover darf der C-Trek gelten. Die Personenwagen-Reihen heißen Sagitar (ähnlich US-Jetta, längerer Radstand), Golf und Bora. Größte FAW-Limousine ist der Magotan, der hier in Lang-Version vorfährt.